2019中国肉用及乳肉兼用种公牛遗传评估概要

Sire Summaries on National Beef and Dual-purpose Cattle Genetic Evaluation 2019

农业农村部种业管理司
农业农村部畜牧兽医局
全 国 畜 牧 总 站

U0257314

中国农业出版社

北 京

编 委 会

主　任　张延秋　时建忠

副主任　孙好勤　王俊勋

委　员　马志强　王　健　杨红杰　陶伟国　李俊雅

　　　　张胜利　孙飞舟　高会江　李　姣　赵玉民

　　　　耿繁军　王雅春　史远刚

编 写 人 员

主　编　杨红杰　马志强　王　健　李俊雅

副主编　李　姣　陶伟国　高会江

编　者（按姓氏笔画排序）

　　　　马志强　马金星　王　健　朱　波　刘桂珍

　　　　李　姣　李　超　李宏伟　李俊雅　杨红杰

　　　　邱小田　张书义　张家春　陈　燕　周元清

　　　　赵　华　段忠意　秦雅婷　高会江　陶伟国

　　　　曹　烨　谢　悦

前　言

　　肉牛业是畜牧业的重要产业，良种是肉牛业发展的物质基础。为贯彻落实《全国肉牛遗传改良计划（2011—2025）》和《〈全国肉牛遗传改良计划（2011—2025）〉实施方案》，宣传和推介优秀种公牛，促进和推动牛群遗传改良，定期公布种公牛遗传评估结果十分必要。

　　《2019中国肉用及乳肉兼用种公牛遗传评估概要》（以下简称《概要》），公布了34个种公牛站的30个肉用或乳肉兼用品种、2298头种公牛遗传评估结果。评估工作的数据主要来源于我国肉牛遗传评估数据库中近1.9万牛只的23万余条记录，包括与我国肉牛群体有亲缘关系的澳大利亚的5880头西门塔尔牛生长记录，使肉牛遗传评估准确性大幅度提高。

　　《概要》可作为肉牛或乳肉兼用牛养殖场（户）科学合理开展选种选配的重要依据，也可作为相关科研、育种单位选育或评价种公牛的主要技术参考。《概要》的出版得益于农业农村部种业管理司和畜牧兽医局的悉心指导，中国农业科学院北京畜牧兽医研究所、中国农业大学的大力支持，以及各省级畜牧推广机构和种公牛站等单位的全力配合，在此一并表示感谢。

　　由于个别公牛编号变更等问题，《概要》中可能会出现公牛遗传性能遗漏或不当之处，敬请同行专家和广大使用人员不吝赐教，及时提出批评和更正意见。

编　者

2019年8月

目　录

1

肉用种公牛
遗传评估说明

根据国内肉用种公牛育种数据的实际情况，选取 7~12 月龄日增重、13~18 月龄日增重、19~24 月龄日增重和体型外貌评分 4 个性状进行遗传评估，各性状估计育种值经标准化后，按 30∶30∶20∶20 的比例加权，得到中国肉牛选择指数（China Beef Index，CBI）。

1.1 遗传评估方法

采用单性状动物模型 BLUP 法，借助于 ASReml 3.0 软件包进行评估（Gilmour，2015）。

1.2 遗传评估模型

育种值预测模型如下：

$$y_{ijklm} = \mu + Station_i + Source_j + Year_k + Breed_l + a_{ijklm} + e_{ijklm}$$

式中：y_{ijklm}——个体性状表型值；

μ——总平均数；

$Station_i$——现所属场站固定效应；

$Source_j$——出生地固定效应；

$Year_k$——出生年固定效应；

$Breed_l$——品种固定效应；

a_{ijklm}——个体的加性遗传效应，服从（0，$A\sigma_a^2$）分布，A 指个体间分子血缘系数矩阵，σ_a^2 指加性遗传方差；

e_{ijklm}——随机剩余效应，服从（0，$I\sigma_e^2$）分布，I 指单位对角矩阵，σ_e^2 指随机残差方差（Mrode，2014；张勤，2007；张沅，2001）。

1.3 中国肉牛选择指数

$$CBI = 100 + 20 \times \frac{Score}{S_{Score}} + 30 \times \frac{DG_{7\sim12}}{S_{DG7\sim12}} + 30 \times \frac{DG_{13\sim18}}{S_{DG13\sim18}} + 20 \times \frac{DG_{19\sim24}}{S_{DG19\sim24}}$$

式中：$Score$——体型外貌评分的估计育种值；

S_{Score}——体型外貌评分遗传标准差；

$DG_{7\sim12}$——7~12 月龄日增重的估计育种值；

$S_{DG7\sim12}$——7~12 月龄日增重遗传标准差；

$DG_{13\sim18}$——13~18 月龄日增重的估计育种值；

$S_{DG13\sim18}$——13~18 月龄日增重遗传标准差；

$DG_{19\sim24}$——19~24 月龄日增重的估计育种值；

$S_{DG19\sim24}$——19~24 月龄日增重遗传标准差。

1.4 遗传参数

表1-1 各性状遗传参数

性　状	遗传方差	环境方差	表型方差	遗传力（h^2）
体型外貌评分	2.827	3.563	6.390	0.44
7～12月龄日增重	0.0310	0.037	0.067	0.45
13～18月龄日增重	0.027	0.042	0.069	0.39
19～24月龄日增重	0.036	0.038	0.074	0.49

1.5 其他说明

　　本书中，各品种估计育种值排名参考表中的"公牛数量"是我国肉用及乳肉兼用种公牛数据库中具有该性状估计育种值的公牛数量（头）。EBV为估计育种值（Estimated Breeding Value），r^2为估计育种值的可靠性（Reliability）。

2

乳肉兼用种公牛
遗传评估说明

根据国内乳肉兼用种公牛育种数据的实际情况，直接利用 7～12 月龄日增重、13～18 月龄日增重、19～24 月龄日增重和体型外貌评分 4 个肉用性状，以及 4% 乳脂率校正奶量（FCM）进行遗传评估，FCM 估计育种值经标准化后，CBI 和 FCM 按 60∶40 的比例加权，得到中国兼用牛总性能指数（Total Performance Index，TPI）。

2.1　遗传评估方法

采用单性状动物模型 BLUP 法，借助 ASReml 3.0 软件包进行评估（Gilmour，2015）。

2.2　遗传评估模型

4% 乳脂率校正奶量（FCM）育种值预测模型如下：

$$y_{ijklm} = \mu + Station_i + Source_j + Year_k + Breed_l + a_{ijklm} + e_{ijklm}$$

式中：y_{ijklm}——个体性状的表型值；

μ——总平均数；

$Station_i$——现所属场站固定效应；

$Source_j$——出生地固定效应；

$Year_k$——出生年固定效应；

$Breed_l$——品种固定效应；

a_{ijklm}——个体的加性遗传效应，服从（0，$A\sigma_a^2$）分布，A 指个体间分子血缘系数矩阵；

e_{ijklm}——随机剩余效应，服从（0，$I\sigma_e^2$）分布（Mrode，2014；张勤，2007；张沅，2001）。

2.3　4% 乳脂率校正奶量计算方法

4% 乳脂率校正奶量计算公式：

$$FCM = M(0.4 + 15F)$$

式中：FCM——4% 乳脂率校正乳量；

M——各胎次公牛母亲真实产奶量；

F——乳脂率。

将不同胎次产奶量统一校正到 4 胎。

不同胎次产奶量校正系数见表 2-1。

表 2-1　不同胎次产奶量校正系数

胎　　次	1	2	3	4	5
系　　数	1.2419	1.0913	1.0070	1	0.9830

2.4 中国兼用牛总性能指数

$$TPI = 100 + 60 \times (CBI - 100)/100 + 40 \times \frac{FCM}{S_{FCM}}/100$$

式中：

CBI——中国肉牛选择指数；

FCM——4%乳脂率校正奶量的估计育种值；

S_{FCM}——4%乳脂率校正奶量遗传标准差。

2.5 遗传参数

表 2 - 2   各性状遗传参数

性　　状	遗传方差	环境方差	表型方差	遗传力（h^2）
体型外貌评分	2.827	3.563	6.390	0.44
7~12 月龄日增重	0.030	0.037	0.067	0.45
13~18 月龄日增重	0.027	0.042	0.069	0.39
19~24 月龄日增重	0.036	0.038	0.074	0.49
4%乳脂率校正奶量	798162.350	1086827.85	1884990.200	0.42

3

种公牛站
代码信息

本书中，"牛号"的前三位为其所在种公牛站代码。根据表3-1可查询到任意一头种公牛所在种公牛站的联系方式。

表3-1 种公牛站代码信息

序号	种公牛站代码	种公牛站单位名称	联系人	手机	固定电话
1	111	北京首农畜牧发展有限公司奶牛中心	王振刚	13911216458	010-62948056
2	131	河北品元畜禽育种有限公司	李建明	13785153452	0311-86832024
3	132	秦皇岛农瑞秦牛畜牧有限公司	周云松	13463399189	0335-3167622
4	141	山西省畜牧遗传育种中心	张 鹏	13834681518	0351-6264607
5	151	内蒙古天和荷斯坦牧业有限公司	王 珂	15904892030	0471-2385068
6	152	通辽京缘种牛繁育有限责任公司	候景辉	15247505380	0475-2377022
7	153	海拉尔农牧场管理局家畜繁育指导站	刘化柱	13947053405	—
8	154	赤峰赛奥牧业技术服务有限公司	王光磊	15504762388	0476-2785135
9	155	内蒙古赛科星繁育生物技术 (集团) 股份有限公司	孙 伟	15248147695	0471-2383201
10	211	辽宁省牧经种牛繁育中心有限公司	高 磊	15040146995	024-26716196
11	212	大连金弘基种畜有限公司	帅志强	15898150814	0411-87279065
12	221	长春新牧科技有限公司	张育东	18088626767	0431-84561237
13	222	吉林省德信生物工程有限公司	王润彬	18404313888	0431-82862788
14	223	延边东兴种牛科技有限公司	宋照江	15568001280	0433-2619930
15	233	龙江和牛生物科技有限公司	赵宪强	13359731197	—
16	341	安徽天达畜牧科技有限责任公司	刘明军	18205677655	0558-5763001
17	361	江西省天添畜禽育种有限公司	谭德文	13970867658	0791-83807995
18	371	山东省种公牛站有限责任公司	刘园峰	13954176772	0531-87227801
19	374	先马士畜牧（山东）有限公司	汤晓良	13761802321	021-60296615-812
20	411	河南省鼎元种牛育种有限公司	高留涛	13838074522	0371-60212146
21	412	许昌市夏昌种畜禽有限公司	马大庆	13608432818	0374-5767788
22	413	南阳昌盛牛业有限公司	张亚欣	13837780039	0377-63556618
23	414	洛阳市洛瑞牧业有限公司	王 彪	13525403237	0379-63780750
24	421	武汉兴牧生物科技有限公司	赫海龙	15007129685	027-87023599

（续）

序号	种公牛站代码	种公牛站单位名称	联系人	手机	固定电话
25	431	湖南光大牧业科技有限公司	张翠永	13507470075	0731－84637575
26	451	广西壮族自治区畜禽品种改良站	刘瑞鑫	13471183547	0771－3338298
27	511	成都汇丰动物育种有限公司	杨　嵩	18180441277	028－84790654
28	531	云南省种畜繁育推广中心	毛翔光	13888233030	0871－67393362
29	532	大理五福畜禽良种有限责任公司	李家友	13618806491	0872－2125332
30	611	陕西秦申金牛育种有限公司	朱　凯	17791000819	—
31	612	西安市奶牛育种中心	吴　眩	13289861756	029－88224681
32	621	甘肃佳源畜牧生物科技有限责任公司	李　刚	13993548303	0935－2301379
33	631	青海正雅畜牧良种科技有限公司	马元梅	13897252623	0971－5310461
34	651	新疆天山畜牧生物工程股份有限公司	谭世新	13999365500	0994－6566611

（续）

4

种公牛
遗传评估结果

4.1 西门塔尔牛

表4-1-1 西门塔尔牛估计育种值排名参考表

项目 排名百分位	体型外貌评分	7~12月龄日增重	13~18月龄日增重	19~24月龄日增重	4%乳脂率校正奶量	CBI	TPI
1%	3.76 (3.3~4.81)	0.35 (0.32~0.43)	0.35 (0.29~0.54)	0.38 (0.34~0.45)	1594.78 (1434.61~1859.15)	210.34 (199.4~220.45)	163.2 (158.52~172.31)
5%	2.77 (2.11~4.81)	0.29 (0.25~0.43)	0.26 (0.21~0.54)	0.29 (0.24~0.45)	1126.57 (761.89~1859.15)	191.45 (177.66~220.45)	154.39 (146.59~172.31)
10%	2.32 (1.67~4.81)	0.26 (0.21~0.43)	0.22 (0.16~0.54)	0.25 (0.18~0.45)	861.04 (507.33~1859.15)	180.14 (162.95~220.45)	147.8 (137.79~172.31)
20%	1.82 (1.07~4.81)	0.22 (0.16~0.43)	0.17 (0.1~0.54)	0.2 (0.12~0.45)	630.18 (305.03~1859.15)	166.59 (144.73~220.45)	140.21 (128.68~172.31)
30%	1.49 (0.62~4.81)	0.19 (0.12~0.43)	0.14 (0.07~0.54)	0.16 (0.08~0.45)	503.46 (201.84~1859.15)	156.47 (129.97~220.45)	134.94 (120.44~172.31)
50%	1 (-0.05~4.81)	0.15 (0.06~0.43)	0.1 (0.02~0.54)	0.12 (0.02~0.45)	358.09 (57.75~1859.15)	142.02 (110.84~220.45)	126.53 (107.68~172.31)
100%	0.01 (-4.2~4.81)	0.05 (-0.45~0.43)	0.01 (-0.43~0.54)	0.01 (-0.36~0.45)	58.64 (-2109.45~1859.15)	111.27 (-15.63~220.45)	107.83 (36.07~172.31)
公牛数量（头）	1275	1269	1271	1273	617	1253	617

表 4-1-2　西门塔尔牛 *CBI* 前 50 名

序号	牛号	CBI	体型外貌评分		7~12 月龄日增重		13~18 月龄日增重		19~24 月龄日增重	
			EBV	r^2	EBV	r^2	EBV	r^2	EBV	r^2
1	36115211	220.45	0.95	0.48	0.14	0.50	0.32	0.50	0.26	0.51
2	15215511	220.33	3.30	0.48	0.27	0.49	0.20	0.50	-0.02	0.51
3	21216062	216.87	4.81	0.52	0.22	0.53	0.09	0.54	0.06	0.54
4	14116407	214.33	1.56	0.49	0.16	0.51	0.24	0.52	0.23	0.53
5	15212418	213.56	2.49	0.48	0.28	0.46	0.18	0.47	0.02	0.49
6	15212310	212.63	3.45	0.52	0.25	0.53	0.08	0.54	0.13	0.55
7	15516X20	210.08	2.26	0.49	0.19	0.57	0.22	0.57	0.11	0.52
8	15213119	208.28	1.89	0.50	0.27	0.51	0.16	0.52	0.10	0.53
9	41112240	207.86	2.73	0.48	0.21	0.50	0.21	0.51	0.01	0.52
10	15215510	204.51	3.44	0.48	0.24	0.49	0.16	0.50	-0.06	0.51
11	41112922	203.64	1.93	0.48	0.11	0.50	0.29	0.50	0.09	0.51
12	15212612	202.47	2.57	0.44	0.25	0.44	0.13	0.46	0.04	0.47
13	37108405	199.40	4.72	0.70	-0.05	0.76	0.13	0.73	0.27	0.71
14	36115201	199.25	0.46	0.50	0.24	0.51	0.16	0.52	0.23	0.52
15	41113262	197.09	2.38	0.48	0.18	0.50	0.18	0.50	0.04	0.51
16	62115101	196.75	0.62	0.47	0.23	0.47	0.18	0.48	0.16	0.50
17	41112236	196.19	2.31	0.47	0.22	0.49	0.17	0.50	0.00	0.51
18	41114204	196.01	1.40	0.53	0.27	0.58	0.18	0.59	0.01	0.59
19	41212446	195.13	0.72	0.51	0.28	0.52	0.07	0.53	0.25	0.55
20	41113260	193.69	2.65	0.51	0.16	0.53	0.16	0.54	0.05	0.55
21	41114244	193.66	1.29	0.53	0.30	0.58	0.14	0.59	0.01	0.59
22	41113258	192.96	1.53	0.49	0.23	0.51	0.13	0.51	0.12	0.52
23	15216631	192.95	2.86	0.49	0.16	0.51	0.16	0.51	0.03	0.52
24	41113254	192.01	2.11	0.53	0.19	0.58	0.17	0.57	0.03	0.58
25	41113252	191.71	1.76	0.53	0.21	0.58	0.13	0.57	0.09	0.58
26	41112238	191.69	2.62	0.47	0.20	0.48	0.15	0.49	-0.02	0.51
27	41113242	191.59	2.28	0.51	0.20	0.54	0.09	0.54	0.13	0.55
28	41114218	190.83	2.04	0.53	0.25	0.58	0.11	0.58	0.03	0.59

（续）

序号	牛号	CBI	体型外貌评分		7~12月龄日增重		13~18月龄日增重		19~24月龄日增重	
			EBV	r^2	EBV	r^2	EBV	r^2	EBV	r^2
29	36115209	190.69	0.15	0.51	0.22	0.52	0.17	0.53	0.19	0.54
30	41113266	190.03	2.44	0.47	0.19	0.49	0.07	0.50	0.15	0.51
31	41113954	189.39	1.67	0.52	0.24	0.54	0.10	0.54	0.10	0.55
32	15212251	189.10	1.71	0.45	0.22	0.47	0.13	0.48	0.08	0.50
33	15213915	189.06	2.31	0.50	0.18	0.52	0.20	0.52	-0.06	0.53
34	22211140	186.90	1.02	0.46	0.13	0.47	0.17	0.48	0.21	0.49
35	21114703	186.04	1.10	0.53	0.28	0.58	0.10	0.59	0.07	0.59
36	41212439	185.93	0.20	0.51	0.28	0.53	0.06	0.53	0.24	0.55
37	15213505	185.86	-0.04	0.47	0.30	0.47	0.16	0.48	0.06	0.50
38	15214328	185.70	2.00	0.49	0.23	0.56	0.12	0.51	0.01	0.52
39	41114210	185.56	1.75	0.53	0.20	0.58	0.15	0.58	0.02	0.59
40	22211015	185.19	0.00	0.09	0.28	0.47	0.07	0.48	0.23	0.49
41	41114258	185.09	1.05	0.53	0.28	0.58	0.09	0.59	0.06	0.59
42	62113085	184.83	0.67	0.53	0.18	0.54	0.21	0.54	0.07	0.55
43	41212441	184.50	1.79	0.49	0.15	0.51	0.06	0.51	0.26	0.54
44	22208160	183.79	1.24	0.44	0.28	0.45	0.07	0.46	0.09	0.47
45	21114702	183.76	1.18	0.53	0.24	0.58	0.11	0.59	0.08	0.59
46	15216541	183.60	3.01	0.44	0.09	0.46	0.03	0.47	0.24	0.48
47	15213128	183.44	0.23	0.48	0.28	0.50	0.14	0.50	0.07	0.51
48	53115344	182.73	0.87	0.46	0.20	0.49	0.21	0.50	-0.01	0.50
49	22206284	182.53	0.76	0.42	0.26	0.43	0.01	0.44	0.25	0.46
50	21216068	181.89	4.53	0.52	0.09	0.53	0.03	0.54	0.06	0.54

表 4 - 1 - 3　西门塔尔牛 *TPI* 前 **50** 名

序号	牛号	CBI	TPI	体型外貌评分		7~12 月龄日增重		13~18 月龄日增重		19~24 月龄日增重		4%乳脂率校正奶量	
				EBV	r²	EBV	r²	EBV	r²	EBV	r²	EBV	r²
1	36115211	220.45	172.31	0.95	0.48	0.14	0.50	0.32	0.50	0.26	0.51	98.87	0.03
2	14116407	214.33	168.67	1.56	0.49	0.16	0.51	0.24	0.52	0.23	0.53	167.45	0.14
3	41112922	203.64	161.81	1.93	0.48	0.11	0.50	0.29	0.50	0.09	0.51	-826.31	0.42
4	15212612	202.47	161.43	2.57	0.44	0.25	0.44	0.13	0.46	0.04	0.47	-119.55	0.01
5	37108405	199.40	160.11	4.72	0.70	-0.05	0.76	0.13	0.73	0.27	0.71	1064.27	0.56
6	36115201	199.25	159.55	0.46	0.50	0.24	0.51	0.16	0.52	0.23	0.52	-4.01	0.10
7	41113262	197.09	158.52	2.38	0.48	0.18	0.50	0.18	0.50	0.04	0.51	590.73	0.43
8	41212446	195.13	157.02	0.72	0.51	0.28	0.52	0.07	0.53	0.25	0.55	-130.50	0.05
9	41113260	193.69	156.38	2.65	0.51	0.16	0.53	0.16	0.54	0.05	0.55	374.52	0.45
10	15216631	192.95	156.03	2.86	0.49	0.16	0.51	0.16	0.51	0.03	0.52	583.94	0.07
11	41113258	192.96	155.88	1.53	0.49	0.23	0.51	0.13	0.51	0.12	0.52	227.11	0.43
12	41113254	192.01	155.56	2.11	0.53	0.19	0.58	0.17	0.57	0.03	0.58	800.64	0.44
13	41113252	191.71	155.39	1.76	0.53	0.21	0.58	0.13	0.57	0.09	0.58	800.64	0.44
14	41113242	191.59	155.12	2.28	0.51	0.20	0.54	0.09	0.54	0.13	0.55	371.89	0.45
15	41112238	191.69	155.05	2.62	0.47	0.20	0.48	0.15	0.49	-0.02	0.51	96.15	0.03
16	36115209	190.69	154.51	0.15	0.51	0.22	0.52	0.17	0.53	0.19	0.54	217.23	0.12
17	41113954	189.39	154.01	1.67	0.52	0.24	0.54	0.10	0.54	0.10	0.55	830.69	0.42
18	15213915	189.06	153.45	2.31	0.50	0.18	0.52	0.20	0.52	-0.06	0.53	25.23	0.12
19	15214328	185.70	151.68	2.00	0.49	0.23	0.56	0.12	0.51	0.01	0.52	583.94	0.07
20	41212439	185.93	151.60	0.20	0.51	0.28	0.53	0.06	0.53	0.24	0.55	86.88	0.14
21	22211015	185.19	151.08	0.00	0.09	0.28	0.47	0.07	0.48	0.23	0.49	-68.97	0.05
22	41212441	184.50	150.87	1.79	0.49	0.15	0.51	0.06	0.51	0.26	0.54	383.45	0.13
23	15213128	183.44	150.06	0.23	0.48	0.28	0.50	0.14	0.50	0.07	0.51	-6.49	0.10
24	41112234	180.91	148.58	2.58	0.48	0.12	0.51	0.14	0.52	0.05	0.53	69.63	0.05
25	15216581	180.34	148.24	3.41	0.48	0.16	0.48	0.10	0.49	-0.05	0.51	75.44	0.10
26	41212440	179.22	147.71	1.42	0.49	0.10	0.51	0.08	0.51	0.30	0.52	383.45	0.13
27	41109246	179.28	147.51	1.91	0.51	0.15	0.55	0.09	0.56	0.13	0.57	-138.41	0.08
28	37115676	179.12	147.35	1.42	0.49	0.15	0.52	0.26	0.52	-0.11	0.53	-277.50	0.46

（续）

序号	牛号	CBI	TPI	体型外貌评分		7～12月龄日增重		13～18月龄日增重		19～24月龄日增重		4%乳脂率校正奶量	
				EBV	r²	EBV	r²	EBV	r²	EBV	r²	EBV	r²
29	37114662	178.40	147.24	0.65	0.49	0.24	0.59	0.18	0.49	-0.03	0.49	436.55	0.43
30	41212448	177.92	146.69	1.92	0.48	0.18	0.49	0.13	0.50	0.01	0.51	-151.47	0.11
31	15517F01	177.66	146.59	0.49	0.49	0.14	0.50	0.25	0.50	0.03	0.50	-19.38	0.01
32	41215405	176.47	146.08	1.00	0.52	0.19	0.55	0.06	0.56	0.20	0.57	431.36	0.13
33	15216571	175.92	145.81	3.09	0.48	0.03	0.49	0.17	0.50	0.02	0.51	562.60	0.10
34	14116409	175.71	145.50	0.72	0.49	0.06	0.51	0.23	0.52	0.15	0.53	167.45	0.14
35	15214127	174.74	144.84	-0.41	0.48	0.26	0.51	0.16	0.50	0.06	0.51	-6.49	0.10
36	13217083	171.95	143.21	1.36	0.46	0.04	0.48	0.26	0.49	0.02	0.12	81.40	0.08
37	41109234	171.43	142.94	1.48	0.50	0.11	0.53	0.08	0.54	0.20	0.54	187.54	0.14
38	41213426	171.26	142.93	1.39	0.50	0.10	0.53	0.06	0.51	0.24	0.52	383.45	0.13
39	41117910	171.20	142.79	0.94	0.50	0.17	0.51	0.15	0.52	0.04	0.53	159.29	0.14
40	14110721	170.74	142.53	1.31	0.50	0.07	0.51	0.12	0.52	0.21	0.53	187.94	0.13
41	15213428	170.77	142.49	2.19	0.45	0.09	0.53	0.11	0.46	0.07	0.48	65.27	0.02
42	15517F02	170.55	142.34	2.10	0.47	0.08	0.47	0.19	0.48	-0.02	0.47	22.19	0.01
43	41212450	169.99	141.92	1.98	0.48	0.19	0.49	0.08	0.50	0.00	0.51	-151.47	0.11
44	41215401	169.52	141.88	0.53	0.50	0.15	0.51	0.09	0.51	0.19	0.52	383.45	0.13
45	41212438	169.38	141.71	0.79	0.50	0.13	0.51	0.10	0.52	0.20	0.53	187.94	0.13
46	41212444	169.39	141.61	0.88	0.50	0.10	0.51	0.08	0.51	0.26	0.52	-50.41	0.12
47	37114416	168.43	141.53	-0.13	0.50	0.21	0.51	0.25	0.51	-0.11	0.52	1049.43	0.43
48	37117680	168.94	141.45	1.86	0.46	0.19	0.53	0.08	0.49	-0.01	0.13	200.56	0.39
49	36114105	167.88	140.83	-0.49	0.51	0.17	0.52	0.13	0.53	0.21	0.54	217.23	0.12
50	41212443	166.95	140.25	-0.28	0.50	0.28	0.51	0.03	0.52	0.17	0.53	187.94	0.13

表4-1-4　西门塔尔牛估计育种值

序号	牛号	CBI	TPI	体型外貌评分		7~12月龄日增重		13~18月龄日增重		19~24月龄日增重		4%乳脂率校正奶量	
				EBV	r²	EBV	r²	EBV	r²	EBV	r²	EBV	r²
1	36115211	220.45	172.31	0.95	0.48	0.14	0.50	0.32	0.50	0.26	0.51	98.87	0.03
2	15215511	220.33		3.30	0.48	0.27	0.49	0.20	0.50	-0.02	0.51		
3	21216062	216.87		4.81	0.52	0.22	0.53	0.09	0.54	0.06	0.54		
4	14116407	214.33	168.67	1.56	0.49	0.16	0.51	0.24	0.52	0.23	0.53	167.45	0.14
5	15212418	213.56		2.49	0.48	0.28	0.46	0.18	0.47	0.02	0.49		
6	15212310	212.63		3.45	0.52	0.25	0.53	0.08	0.54	0.13	0.55		
7	15516X20	210.08		2.26	0.49	0.19	0.57	0.22	0.57	0.11	0.52		
8	15213119	208.28		1.89	0.50	0.27	0.51	0.16	0.52	0.10	0.53		
9	41112240	207.86		2.73	0.48	0.21	0.50	0.21	0.51	0.01	0.52		
10	15215510	204.51		3.44	0.48	0.24	0.49	0.16	0.50	-0.06	0.51		
11	41112922	203.64	161.81	1.93	0.48	0.11	0.50	0.29	0.50	0.09	0.51	-826.31	0.42
12	15212612	202.47	161.43	2.57	0.44	0.25	0.44	0.13	0.46	0.04	0.47	-119.55	0.01
13	37108405˙	199.40	160.11	4.72	0.70	-0.05	0.76	0.13	0.73	0.27	0.71	1064.27	0.56
14	36115201	199.25	159.55	0.46	0.50	0.24	0.51	0.16	0.52	0.23	0.52	-4.01	0.10
15	41113262	197.09	158.52	2.38	0.48	0.18	0.50	0.18	0.50	0.04	0.51	590.73	0.43
16	62115101	196.75		0.62	0.47	0.23	0.47	0.18	0.48	0.16	0.50		
17	41112236	196.19		2.31	0.47	0.22	0.49	0.17	0.50	0.00	0.51		
18	41114204	196.01		1.40	0.53	0.27	0.58	0.18	0.59	0.01	0.59		
19	41212446	195.13	157.02	0.72	0.51	0.28	0.52	0.07	0.53	0.25	0.55	-130.50	0.05
20	41113260	193.69	156.38	2.65	0.51	0.16	0.53	0.16	0.54	0.05	0.55	374.52	0.45
21	41114244	193.66		1.29	0.53	0.30	0.58	0.14	0.59	0.01	0.59		
22	41113258	192.96	155.88	1.53	0.49	0.23	0.51	0.13	0.51	0.12	0.52	227.11	0.43
23	15216631	192.95	156.03	2.86	0.49	0.16	0.51	0.16	0.51	0.03	0.52	583.94	0.07
24	41113254	192.01	155.56	2.11	0.53	0.19	0.58	0.17	0.57	0.03	0.58	800.64	0.44
25	41113252	191.71	155.39	1.76	0.53	0.21	0.58	0.13	0.57	0.09	0.58	800.64	0.44
26	41112238	191.69	155.05	2.62	0.47	0.20	0.48	0.15	0.49	-0.02	0.51	96.15	0.03
27	41113242	191.59	155.12	2.28	0.51	0.20	0.54	0.09	0.54	0.13	0.55	371.89	0.45
28	41114218	190.83		2.04	0.53	0.25	0.58	0.11	0.58	0.03	0.59		

（续）

序号	牛号	CBI	TPI	体型外貌评分		7~12月龄日增重		13~18月龄日增重		19~24月龄日增重		4%乳脂率校正奶量	
				EBV	r²	EBV	r²	EBV	r²	EBV	r²	EBV	r²
29	36115209	190.69	154.51	0.15	0.51	0.22	0.52	0.17	0.53	0.19	0.54	217.23	0.12
30	41113266	190.03		2.44	0.47	0.19	0.49	0.07	0.50	0.15	0.51		
31	41113954	189.39	154.01	1.67	0.52	0.24	0.54	0.10	0.54	0.10	0.55	830.69	0.42
32	15212251	189.10		1.71	0.45	0.22	0.47	0.13	0.48	0.08	0.50		
33	15213915	189.06	153.45	2.31	0.50	0.18	0.52	0.20	0.52	-0.06	0.53	25.23	0.12
34	22211140	186.90		1.02	0.46	0.13	0.47	0.17	0.48	0.21	0.49		
35	21114703	186.04		1.10	0.53	0.28	0.58	0.10	0.59	0.07	0.59		
△	41114246												
36	41212439	185.93	151.60	0.20	0.51	0.28	0.53	0.06	0.53	0.24	0.55	86.88	0.14
△	64112439												
37	15213505	185.86		-0.04	0.47	0.30	0.47	0.16	0.48	0.06	0.50		
38	15214328	185.70	151.68	2.00	0.49	0.23	0.56	0.12	0.51	0.01	0.52	583.94	0.07
39	41114210	185.56		1.75	0.53	0.20	0.58	0.15	0.58	0.02	0.59		
40	22211015*	185.19	151.08	0.00	0.09	0.28	0.47	0.07	0.48	0.23	0.49	-68.97	0.05
41	41114258	185.09		1.05	0.53	0.28	0.58	0.09	0.59	0.06	0.59		
42	62113085	184.83		0.67	0.53	0.18	0.54	0.21	0.54	0.07	0.55		
43	41212441	184.50	150.87	1.79	0.49	0.15	0.51	0.06	0.51	0.26	0.54	383.45	0.13
△	64112441												
44	22208160*	183.79		1.24	0.44	0.28	0.45	0.07	0.46	0.09	0.47		
45	21114702	183.76		1.18	0.53	0.24	0.58	0.11	0.59	0.08	0.59		
△	41114242												
46	15216541	183.60		3.01	0.44	0.09	0.46	0.03	0.47	0.24	0.48		
47	15213128	183.44	150.06	0.23	0.48	0.28	0.50	0.14	0.50	0.07	0.51	-6.49	0.10
48	53115344	182.73		0.87	0.46	0.20	0.49	0.21	0.50	-0.01	0.50		
49	22206284*	182.53		0.76	0.42	0.26	0.43	0.01	0.44	0.25	0.46		
50	21216068	181.89		4.53	0.52	0.09	0.53	0.03	0.54	0.06	0.54		
51	41114216	181.03		1.76	0.53	0.22	0.58	0.16	0.58	-0.05	0.59		
52	41112234	180.91	148.58	2.58	0.48	0.12	0.51	0.14	0.52	0.05	0.53	69.63	0.05

（续）

序号	牛号	CBI	TPI	体型外貌评分		7～12月龄日增重		13～18月龄日增重		19～24月龄日增重		4%乳脂率校正奶量	
				EBV	r²	EBV	r²	EBV	r²	EBV	r²	EBV	r²
53	41114232	180.51		2.31	0.47	0.17	0.54	0.15	0.54	-0.03	0.56		
54	15216581	180.34	148.24	3.41	0.48	0.16	0.48	0.10	0.49	-0.05	0.51	75.44	0.10
55	41109246	179.28	147.51	1.91	0.51	0.15	0.55	0.09	0.56	0.13	0.57	-138.41	0.08
56	41212440	179.22	147.71	1.42	0.49	0.10	0.51	0.08	0.51	0.30	0.52	383.45	0.13
57	37115676	179.12	147.35	1.42	0.49	0.15	0.52	0.26	0.52	-0.11	0.53	-277.50	0.46
58	36115207	178.86		-0.32	0.48	0.20	0.50	0.12	0.50	0.26	0.51		
59	21114701	178.47		1.18	0.53	0.18	0.58	0.15	0.58	0.06	0.59		
△	41114208												
60	37114662	178.40	147.24	0.65	0.49	0.24	0.59	0.18	0.49	-0.03	0.49	436.55	0.43
61	41212448	177.92	146.69	1.92	0.48	0.18	0.49	0.13	0.50	0.01	0.51	-151.47	0.11
△	64112448												
62	41114212	177.85		1.95	0.48	0.22	0.54	0.06	0.55	0.07	0.56		
63	15517F01	177.66	146.59	0.49	0.49	0.14	0.50	0.25	0.50	0.03	0.50	-19.38	0.01
64	41112228	176.84		2.25	0.45	0.16	0.49	0.15	0.50	-0.04	0.52		
65	62110045	176.71		-0.01	0.52	0.43	0.53	-0.14	0.54	0.26	0.56		
66	41215405	176.47	146.08	1.00	0.52	0.19	0.55	0.06	0.56	0.20	0.57	431.36	0.13
△	64115317˙												
67	15208131˙	176.23		1.68	0.38	0.23	0.74	0.10	0.73	-0.01	0.49		
68	15216571	175.92	145.81	3.09	0.48	0.03	0.49	0.17	0.50	0.02	0.51	562.60	0.10
69	62113083	175.77		0.19	0.47	0.20	0.47	0.10	0.48	0.20	0.50		
70	14116409	175.71	145.50	0.72	0.49	0.06	0.51	0.23	0.52	0.15	0.53	167.45	0.14
71	15214127	174.74	144.84	-0.41	0.48	0.26	0.51	0.16	0.50	0.06	0.51	-6.49	0.10
72	15212253	173.68		1.09	0.45	0.22	0.46	0.12	0.47	0.02	0.49		
73	41114260	172.83		1.77	0.47	0.24	0.55	0.07	0.56	-0.03	0.57		
74	41111220	172.54		1.93	0.52	0.02	0.53	0.19	0.54	0.11	0.55		
75	22112059˙	172.42		0.81	0.08	0.18	0.15	0.15	0.14	0.04	0.12		
76	13217083	171.95	143.21	1.36	0.46	0.04	0.48	0.26	0.49	0.02	0.12	81.40	0.08
77	41116704	171.90		1.96	0.43	0.10	0.43	0.16	0.44	0.02	0.46		

（续）

序号	牛号	CBI	TPI	体型外貌评分		7~12月龄日增重		13~18月龄日增重		19~24月龄日增重		4%乳脂率校正奶量	
				EBV	r²	EBV	r²	EBV	r²	EBV	r²	EBV	r²
78	62115103	171.44		0.29	0.45	0.17	0.45	0.25	0.47	-0.08	0.48		
79	41109234	171.43	142.94	1.48	0.50	0.11	0.53	0.08	0.54	0.20	0.54	187.54	0.14
80	41213426	171.26	142.93	1.39	0.50	0.10	0.53	0.06	0.51	0.24	0.52	383.45	0.13
△	64113426												
81	41117910	171.20	142.79	0.94	0.50	0.17	0.51	0.15	0.52	0.04	0.53	159.29	0.14
82	22206256*	171.05		0.29	0.42	0.27	0.43	0.05	0.44	0.11	0.46		
83	15213428	170.77	142.49	2.19	0.45	0.09	0.53	0.11	0.46	0.07	0.48	65.27	0.02
84	14110721	170.74	142.53	1.31	0.50	0.07	0.51	0.12	0.52	0.21	0.53	187.94	0.13
85	53115350	170.55		1.25	0.46	0.13	0.48	0.17	0.49	0.02	0.50		
86	15517F02	170.55	142.34	2.10	0.47	0.08	0.47	0.19	0.48	-0.02	0.47	22.19	0.01
87	36114109	170.50		-0.38	0.49	0.14	0.50	0.11	0.51	0.29	0.52		
88	41212450	169.99	141.92	1.98	0.48	0.19	0.49	0.08	0.50	0.00	0.51	-151.47	0.11
△	64112450												
89	22214043	169.67		0.32	0.16	0.10	0.52	0.13	0.53	0.23	0.52		
90	53116354	169.63		0.43	0.45	0.14	0.49	0.21	0.48	0.02	0.49		
91	41215401	169.52	141.88	0.53	0.50	0.15	0.51	0.09	0.51	0.19	0.52	383.45	0.13
△	64115312												
92	41212444	169.39	141.61	0.88	0.50	0.10	0.51	0.08	0.51	0.26	0.52	-50.41	0.12
△	64112444												
93	41212438	169.38	141.71	0.79	0.50	0.13	0.51	0.10	0.52	0.20	0.53	187.94	0.13
△	64112438												
94	21216065	169.26		3.68	0.46	-0.02	0.47	0.11	0.48	0.08	0.50		
95	37117680	168.94	141.45	1.86	0.46	0.19	0.53	0.08	0.49	-0.01	0.13	200.56	0.39
96	22206259*	168.57		-0.14	0.42	0.33	0.43	-0.01	0.44	0.15	0.46		
97	37114416	168.43	141.53	-0.13	0.50	0.21	0.51	0.25	0.51	-0.11	0.52	1049.43	0.43
98	62114091	168.31		0.59	0.52	0.24	0.53	0.09	0.53	0.04	0.54		
99	36114105	167.88	140.83	-0.49	0.51	0.17	0.52	0.13	0.53	0.21	0.54	217.23	0.12

（续）

序号	牛号	CBI	TPI	体型外貌评分		7~12 月龄日增重		13~18 月龄日增重		19~24 月龄日增重		4%乳脂率校正奶量	
				EBV	r^2	EBV	r^2	EBV	r^2	EBV	r^2	EBV	r^2
100	41114252	167.71		1.73	0.50	0.26	0.54	-0.03	0.55	0.09	0.56		
101	11116919	167.10		0.76	0.55	0.22	0.56	-0.10	0.57	0.36	0.58		
102	22210078*	167.00		1.58	0.45	0.21	0.44	0.06	0.46	0.01	0.48		
103	41212443	166.95	140.25	-0.28	0.50	0.28	0.51	0.03	0.52	0.17	0.53	187.94	0.13
△	64112443*												
104	15214515	166.69	140.22	-0.96	0.50	0.25	0.51	0.18	0.51	0.02	0.52	464.39	0.08
105	37115672	166.58	139.92	0.55	0.21	0.22	0.54	0.19	0.53	-0.12	0.53	-52.29	0.45
106	22205545*	166.33		0.14	0.04	0.26	0.45	0.02	0.46	0.15	0.47		
107	41116220	166.29	139.85	1.35	0.51	0.20	0.55	-0.05	0.55	0.23	0.53	164.12	0.03
108	36114107	165.68	139.45	-1.66	0.49	0.11	0.51	0.19	0.50	0.30	0.51	98.87	0.03
109	41109238	165.38	139.32	1.36	0.51	0.10	0.53	0.09	0.54	0.16	0.55	198.97	0.14
110	22211136	165.29		-0.31	0.43	0.20	0.43	0.07	0.45	0.21	0.47		
111	22214051*	165.12		-0.02	0.17	0.14	0.51	0.18	0.52	0.07	0.52		
112	62114093	164.78		0.43	0.51	0.04	0.52	0.26	0.51	0.05	0.52		
113	22208158*	164.76		0.50	0.43	0.27	0.43	0.00	0.45	0.11	0.46		
114	62114095	164.72		0.43	0.50	0.08	0.51	0.28	0.51	-0.04	0.52		
115	41114250	164.60		1.84	0.48	0.15	0.54	0.11	0.55	-0.04	0.56		
116	22212927	164.38		-1.64	0.45	0.38	0.47	0.05	0.48	0.09	0.49		
117	13217077	164.30	138.56	0.03	0.50	0.05	0.51	0.23	0.51	0.11	0.19	-50.41	0.12
118	41113250	164.23		1.11	0.45	0.16	0.47	0.10	0.47	0.05	0.48		
119	36111214	164.19		0.82	0.44	-0.23	0.44	0.54	0.45	-0.05	0.47		
120	22206243*	163.54		1.36	0.43	0.23	0.44	-0.01	0.45	0.09	0.46		
121	53115352	163.49		0.36	0.46	0.13	0.48	0.20	0.49	0.01	0.50		
122	37114660	163.24	137.79	1.52	0.46	0.21	0.48	0.09	0.48	-0.07	0.51	-342.67	0.43
123	36114103	163.23	137.94	-0.81	0.49	0.18	0.51	0.09	0.51	0.24	0.52	-6.49	0.10
124	41115270	163.14	138.01	1.21	0.47	0.19	0.51	0.08	0.52	0.03	0.54	283.49	0.42

（续）

序号	牛号	CBI	TPI	体型外貌评分		7～12月龄日增重		13～18月龄日增重		19～24月龄日增重		4%乳脂率校正奶量	
				EBV	r²	EBV	r²	EBV	r²	EBV	r²	EBV	r²
125	37117677	163.02	137.99	0.76	0.48	0.04	0.52	0.21	0.50	0.08	0.15	396.35	0.38
126	15212134	162.95	137.71	2.80	0.49	0.09	0.52	0.03	0.51	0.08	0.52	-130.50	0.05
127	41114234	162.83	137.81	1.06	0.45	0.19	0.46	-0.02	0.47	0.20	0.48	258.20	0.40
128	15215309	162.75	137.88	1.40	0.51	0.20	0.52	0.08	0.53	-0.02	0.54	518.69	0.08
129	41212437	162.35	137.39	0.45	0.50	0.13	0.51	0.06	0.51	0.23	0.52	-50.41	0.12
△	64112437												
130	15209008	162.04		0.59	0.47	0.07	0.50	0.16	0.50	0.14	0.52		
131	41115268	162.02	137.08	0.93	0.47	0.15	0.51	0.10	0.52	0.06	0.53	-290.73	0.02
132	15210101	161.65		2.84	0.43	0.08	0.44	-0.05	0.45	0.22	0.47		
133	41117210	161.63	137.07	0.47	0.48	0.22	0.67	0.06	0.57	0.08	0.57	193.87	0.03
134	15215803	161.63		1.95	0.48	0.22	0.49	0.11	0.50	-0.18	0.51		
135	37117679	161.35	136.91	1.85	0.46	0.16	0.49	0.07	0.49	-0.01	0.13	220.56	0.39
136	51113192	161.30	136.93	1.79	0.49	0.01	0.49	0.16	0.50	0.09	0.52	329.75	0.13
137	41115266	161.11	136.52	0.85	0.48	0.17	0.53	0.12	0.54	0.01	0.55	-336.89	0.03
138	36114101	161.02		-0.14	0.47	0.14	0.48	0.06	0.49	0.26	0.50		
139	41112232	160.83	136.54	1.29	0.46	0.08	0.48	0.12	0.49	0.10	0.50	77.86	0.03
140	41109222	160.70	136.47	0.86	0.48	0.17	0.51	0.11	0.52	0.03	0.53	112.99	0.03
141	22213217*	160.26	136.18	0.76	0.12	0.20	0.49	0.13	0.49	-0.06	0.50	45.88	0.40
142	15213916*	160.13	135.96	-0.73	0.50	0.20	0.52	0.20	0.53	-0.01	0.54	-269.96	0.13
143	41112946	160.00	136.23	1.41	0.50	0.09	0.51	0.03	0.51	0.21	0.52	504.31	0.44
144	62113087	159.77		1.33	0.52	0.10	0.53	0.11	0.53	0.07	0.54		
145	15209003	159.19		2.00	0.47	0.17	0.50	-0.04	0.51	0.13	0.53		
146	15213327	159.01		0.55	0.51	0.14	0.60	0.07	0.57	0.15	0.58		
147	21115770	158.95	135.24	-0.56	0.48	0.37	0.54	0.01	0.50	0.01	0.55	-282.28	0.09
148	22211145	158.24		0.74	0.46	0.15	0.53	0.03	0.51	0.18	0.49		
149	41113264	158.19	135.04	2.01	0.50	0.07	0.66	0.09	0.60	0.05	0.55	287.04	0.45
150	37117681	157.94	134.97	1.22	0.47	0.22	0.54	0.08	0.51	-0.09	0.17	445.30	0.40
151	41215406	157.80	134.66	0.00	0.50	0.10	0.51	0.10	0.51	0.21	0.52	-50.41	0.12

（续）

序号	牛号	CBI	TPI	体型外貌评分		7～12月龄日增重		13～18月龄日增重		19～24月龄日增重		4%乳脂率校正奶量	
				EBV	r²	EBV	r²	EBV	r²	EBV	r²	EBV	r²
△	64115318												
152	15208217*	157.52	134.44	1.61	0.21	0.11	0.54	0.10	0.55	0.00	0.56	-155.95	0.13
153	22212921	157.51		-1.03	0.46	0.28	0.48	0.12	0.48	-0.01	0.50		
154	37114661	157.38	134.23	-1.15	0.46	0.33	0.62	0.12	0.48	-0.06	0.51	-446.76	0.43
155	41215404	157.35	134.35	0.02	0.51	0.13	0.52	0.08	0.53	0.19	0.55	-130.50	0.05
△	64115316												
156	13217080	157.17	134.28	-0.43	0.48	0.01	0.49	0.26	0.49	0.13	0.16	-42.18	0.05
157	62116115	157.15		-0.16	0.51	0.28	0.51	0.02	0.51	0.08	0.18		
158	15215606	157.02	134.47	1.23	0.49	0.07	0.51	0.23	0.51	-0.12	0.52	583.94	0.07
159	41213429	156.80	134.01	1.53	0.49	0.14	0.61	0.06	0.50	0.04	0.51	-151.47	0.11
△	64113429*												
160	41108215	156.74		1.35	0.45	0.16	0.47	-0.03	0.48	0.19	0.49		
161	41115274	156.35	133.67	0.26	0.46	0.09	0.50	0.12	0.52	0.15	0.52	-300.66	0.02
162	41212442	155.87	133.71	1.38	0.51	0.03	0.55	0.04	0.56	0.25	0.57	431.36	0.13
△	64112442												
163	15215731	155.86		1.12	0.16	0.37	0.57	-0.03	0.57	-0.15	0.52		
164	53115351*	155.73		1.63	0.47	0.10	0.50	0.15	0.50	-0.08	0.50		
165	41116934	155.69	133.23	0.52	0.47	0.14	0.48	-0.02	0.49	0.27	0.50	-413.54	0.07
166	41215403	155.48	133.27	-0.02	0.50	0.08	0.51	0.13	0.51	0.17	0.52	-50.41	0.12
△	64115314												
167	41111212*	155.43		0.84	0.47	0.10	0.48	0.09	0.49	0.12	0.50		
168	62106821	155.38	133.01	-0.02	0.44	0.23	0.46	0.25	0.47	-0.27	0.48	-483.81	0.06
169	41115276	155.38	133.11	0.12	0.46	0.19	0.50	0.08	0.52	0.06	0.53	-273.61	0.05
170	62114097	155.30		0.70	0.52	0.25	0.54	0.06	0.53	-0.06	0.53		
171	21217003	155.09		3.62	0.49	-0.05	0.51	0.07	0.52	0.06	0.51		
172	22212019*	155.04		-0.46	0.20	0.34	0.54	0.05	0.55	-0.06	0.55		
173	15215509	154.88	132.90	0.35	0.50	0.13	0.51	0.10	0.51	0.09	0.52	-50.41	0.12
174	22206265*	154.82		0.75	0.42	0.29	0.44	-0.06	0.44	0.07	0.46		

序号	牛号	CBI	TPI	体型外貌评分		7~12月龄日增重		13~18月龄日增重		19~24月龄日增重		4%乳脂率校正奶量	
				EBV	r²	EBV	r²	EBV	r²	EBV	r²	EBV	r²
175	15212132	154.78	132.90	2.54	0.45	0.07	0.47	0.05	0.46	0.04	0.48	65.27	0.02
176	15215736	154.54		3.34	0.50	0.08	0.54	0.05	0.54	-0.08	0.53		
177	41115298	154.48		1.65	0.49	0.08	0.56	0.06	0.56	0.10	0.56		
178	37114616	154.40	132.54	-0.15	0.50	0.17	0.51	0.21	0.52	-0.11	0.53	-235.05	0.45
179	41416123	154.23	132.57	0.40	0.53	0.24	0.53	0.05	0.54	-0.01	0.56	65.27	0.02
180	15516X07*	154.21	132.50	1.56	0.46	0.14	0.49	0.14	0.49	-0.13	0.51	-64.18	0.03
181	15211522*	154.14		1.50	0.16	0.06	0.49	0.05	0.50	0.17	0.51		
182	41115282	153.89	132.25	1.15	0.48	0.19	0.52	0.06	0.53	-0.03	0.54	-186.95	0.11
183	13216087	153.75	132.23	0.35	0.50	0.06	0.51	0.26	0.51	-0.07	0.52	-50.41	0.12
184	14110625	153.62	132.26	0.92	0.50	0.06	0.51	0.08	0.52	0.17	0.53	187.94	0.13
185	41113930	153.44	132.36	1.56	0.47	0.10	0.52	0.12	0.53	-0.04	0.53	662.31	0.41
186	15210077	153.42		-0.54	0.43	0.15	0.43	0.07	0.44	0.21	0.46		
187	62113089	153.04		0.97	0.50	0.18	0.51	0.07	0.51	-0.02	0.52		
188	15214813	152.79		2.03	0.43	0.16	0.43	0.07	0.45	-0.10	0.46		
189	41116218	152.52		1.31	0.45	0.10	0.51	0.10	0.52	0.02	0.53		
190	22206255*	152.05		1.44	0.42	0.20	0.43	0.10	0.44	-0.16	0.46		
191	62115105	151.97		0.47	0.52	0.25	0.54	0.09	0.53	-0.12	0.54		
192	15206002*	151.65		0.19	0.42	0.16	0.43	0.17	0.44	-0.07	0.46		
193	22214031*	151.56		-0.18	0.20	0.19	0.52	0.16	0.52	-0.08	0.53		
194	21214018	151.50		1.49	0.49	0.18	0.56	-0.03	0.57	0.09	0.58		
195	22210076*	151.31		1.72	0.44	0.23	0.45	-0.07	0.47	0.03	0.48		
196	51113191	151.24	130.71	0.82	0.44	-0.04	0.45	0.17	0.46	0.17	0.48	-67.40	0.05
197	15215403	151.16	130.78	1.07	0.48	0.20	0.50	0.02	0.50	0.01	0.51	193.41	0.07
198	14116109	151.07	130.84	1.69	0.46	0.19	0.47	-0.13	0.47	0.20	0.48	452.75	0.42
199	41215410	150.96	130.56	-0.33	0.50	0.11	0.51	0.09	0.51	0.18	0.52	-50.41	0.12
△	64115325*												
200	41212447	150.62	130.30	0.81	0.48	0.11	0.49	0.10	0.50	0.03	0.51	-151.47	0.11
△	64112447												

（续）

序号	牛号	CBI	TPI	体型外貌评分		7~12月龄日增重		13~18月龄日增重		19~24月龄日增重		4%乳脂率校正奶量	
				EBV	r²	EBV	r²	EBV	r²	EBV	r²	EBV	r²
201	22214003*	150.46		0.31	0.10	0.20	0.55	0.11	0.54	-0.08	0.52		
202	22110029	150.38		0.23	0.48	0.15	0.51	0.07	0.52	0.09	0.53		
203	13109019*	150.29	130.25	0.29	0.19	0.26	0.51	0.04	0.52	-0.05	0.53	167.45	0.14
204	65116523	150.26	130.42	1.65	0.47	0.01	0.47	0.09	0.48	0.12	0.50	576.87	0.43
205	22210084*	150.15		1.51	0.45	0.18	0.47	0.00	0.48	0.01	0.48		
206	14115303	150.08	130.07	3.11	0.46	0.04	0.48	0.02	0.48	0.03	0.49	51.17	0.04
207	41112940	149.88	130.11	2.06	0.43	0.06	0.43	0.05	0.45	0.06	0.46	410.09	0.41
208	15215212	149.88		2.74	0.49	-0.08	0.56	0.16	0.57	0.01	0.58		
209	37114627	149.84	130.20	-1.75	0.52	0.24	0.57	0.23	0.54	-0.11	0.54	651.32	0.42
210	41116212	149.81	129.76	1.26	0.46	0.14	0.53	0.01	0.54	0.09	0.55	-293.26	0.02
211	41110294	149.46		1.97	0.44	0.20	0.45	-0.06	0.46	0.03	0.47		
212	15209206*	149.37	129.70	0.29	0.19	0.06	0.51	0.18	0.52	0.03	0.53	167.45	0.14
213	41112952*	149.07	129.79	2.24	0.46	0.02	0.46	0.06	0.47	0.07	0.49	776.05	0.42
214	13217076	149.00	129.39	-0.32	0.47	0.07	0.48	0.19	0.49	0.07	0.13	-16.87	0.09
215	15213917	148.78	129.48	0.40	0.47	0.16	0.48	0.13	0.48	-0.05	0.50	481.18	0.11
216	21211104	148.76	129.26	0.26	0.48	0.19	0.50	0.05	0.51	0.05	0.52	16.15	0.09
217	15215518	148.72	129.28	2.16	0.49	0.16	0.49	0.07	0.49	-0.16	0.49	118.60	0.08
218	65116519	148.67	129.45	2.12	0.47	0.00	0.47	0.06	0.48	0.13	0.50	563.85	0.43
219	15212133	148.59	129.31	2.54	0.50	0.07	0.55	0.01	0.52	0.03	0.53	348.96	0.16
220	41213428	148.57	129.07	1.90	0.49	-0.04	0.52	0.12	0.53	0.11	0.51	-151.47	0.11
△	64113428*												
221	22210019*	148.56	128.91	-0.80	0.20	0.16	0.51	0.10	0.52	0.12	0.53	-498.11	0.13
222	22212913*	148.46		-0.58	0.24	0.29	0.55	0.10	0.56	-0.12	0.57		
223	15216632	148.36	129.25	2.92	0.52	0.04	0.53	0.02	0.53	0.04	0.24	518.69	0.08
224	15216234	148.21		2.45	0.50	-0.18	0.53	0.25	0.54	0.04	0.54		
225	62116111	148.14		0.73	0.52	0.14	0.54	0.07	0.53	0.01	0.26		
226	15214503	147.88	128.90	-0.99	0.50	0.27	0.56	0.04	0.52	0.05	0.53	384.10	0.06
227	22210153	147.85	128.65	0.60	0.49	0.09	0.50	0.08	0.51	0.10	0.52	-130.50	0.05

（续）

序号	牛号	CBI	TPI	体型外貌评分		7～12月龄日增重		13～18月龄日增重		19～24月龄日增重		4%乳脂率校正奶量	
				EBV	r^2	EBV	r^2	EBV	r^2	EBV	r^2	EBV	r^2
228	36111719	147.78		0.93	0.45	0.33	0.45	-0.30	0.46	0.33	0.48		
229	41215409	147.60	128.73	-0.51	0.50	0.15	0.51	0.05	0.51	0.18	0.52	383.45	0.13
△	64115322												
230	41117902	147.58		0.33	0.47	0.26	0.47	0.02	0.45	-0.04	0.01		
231	41110912	147.54	128.68	0.85	0.54	0.05	0.56	-0.03	0.57	0.33	0.57	347.47	0.16
232	15215608	147.12	128.26	0.78	0.50	0.19	0.52	0.13	0.52	-0.18	0.53	-28.20	0.13
233	15214812	146.97		2.77	0.48	0.19	0.50	-0.03	0.51	-0.11	0.51		
234	65116524	146.85	128.22	0.72	0.50	0.01	0.51	0.15	0.52	0.10	0.52	237.52	0.44
235	15216242	146.84		2.40	0.54	-0.10	0.58	0.17	0.59	0.04	0.59		
236	62111067	146.82		-0.31	0.46	0.11	0.47	0.02	0.51	0.26	0.52		
237	14114626	146.80		1.15	0.46	-0.03	0.35	0.19	0.55	0.04	0.49		
238	37117678	146.66	128.08	1.76	0.46	0.10	0.49	0.07	0.50	-0.04	0.14	175.68	0.39
239	14110706	146.57	127.88	1.29	0.49	0.10	0.50	-0.05	0.51	0.22	0.52	-130.50	0.05
240	22204521*	146.46		-1.46	0.22	0.30	0.54	0.02	0.54	0.09	0.54		
241	15212136	146.42	127.71	1.34	0.48	0.14	0.54	0.02	0.49	0.09	0.50	-312.49	0.09
242	41215408	146.10	127.83	-0.15	0.50	0.14	0.51	0.05	0.51	0.14	0.52	383.45	0.13
△	64115321*												
243	37117682	145.92	127.62	0.79	0.50	0.12	0.55	0.06	0.53	0.03	0.26	158.19	0.39
244	15208211*	145.52	127.26	0.59	0.11	0.18	0.49	0.12	0.50	-0.14	0.51	-118.23	0.04
245	65116511	145.47		-0.44	0.55	0.21	0.57	-0.06	0.57	0.24	0.58		
246	41316906	145.44	127.25	-0.19	0.48	0.16	0.50	0.09	0.49	0.04	0.51	-42.18	0.05
247	22211144	145.37		0.73	0.46	0.17	0.68	-0.04	0.64	0.14	0.49		
248	41111218*	145.29	127.26	0.33	0.47	-0.02	0.51	0.21	0.52	0.06	0.53	188.77	0.05
249	15214516	145.03	127.13	0.45	0.49	0.16	0.57	0.03	0.51	0.06	0.51	251.91	0.05
250	22211106	144.75		0.74	0.47	0.15	0.56	0.01	0.54	0.10	0.50		
251	41213425	144.73	126.70	1.23	0.48	0.06	0.49	0.06	0.49	0.09	0.51	-313.84	0.08
△	64113425												
252	36111722	143.95		0.93	0.45	0.32	0.45	-0.29	0.46	0.30	0.48		

（续）

序号	牛号	CBI	TPI	体型外貌评分		7～12月龄日增重		13～18月龄日增重		19～24月龄日增重		4%乳脂率校正奶量	
				EBV	r²	EBV	r²	EBV	r²	EBV	r²	EBV	r²
253	41109236	143.82	126.33	0.52	0.50	0.13	0.55	0.01	0.55	0.13	0.57	70.22	0.16
254	21216039	143.39	126.04	2.17	0.50	0.04	0.51	-0.03	0.51	0.15	0.52	19.98	0.43
255	53115338	143.35	126.31	1.17	0.53	0.01	0.58	0.13	0.54	0.04	0.55	656.80	0.12
256	41116932	143.24	125.92	1.51	0.47	0.16	0.50	-0.05	0.50	0.06	0.54	-64.18	0.03
257	37115674	143.19	126.08	-1.50	0.46	0.32	0.47	0.07	0.47	-0.07	0.48	365.13	0.42
258	15516X50	143.14		1.67	0.50	0.00	0.55	0.04	0.56	0.15	0.52		
259	41416120	143.13		0.58	0.45	0.14	0.47	0.19	0.47	-0.22	0.48		
260	11108677	143.08	125.99	1.34	0.44	0.08	0.45	0.07	0.46	0.00	0.47	323.81	0.41
261	41417124	142.84		0.75	0.49	0.11	0.51	0.12	0.51	-0.07	0.52		
262	41116222	142.81	125.65	0.58	0.48	0.10	0.56	0.13	0.56	-0.04	0.30	-65.25	0.01
263	51114009	142.50	125.63	0.99	0.51	0.15	0.53	-0.13	0.53	0.26	0.53	287.94	0.08
264	41109240*	142.49	125.27	-0.43	0.50	0.18	0.54	0.00	0.55	0.16	0.56	-498.11	0.13
265	21216040	142.14		2.28	0.49	0.10	0.57	-0.07	0.57	0.10	0.58		
266	41107231	142.09	125.19	2.14	0.48	0.04	0.51	0.02	0.52	0.07	0.53	-152.00	0.08
267	14110624	142.08	125.33	0.45	0.50	0.06	0.51	0.05	0.52	0.17	0.53	187.94	0.13
268	53115343	141.89	125.21	1.07	0.46	0.02	0.49	0.09	0.49	0.10	0.49	168.59	0.08
269	41110292	141.88		1.49	0.45	0.11	0.47	0.00	0.48	0.05	0.50		
270	22114039	141.82		1.68	0.51	0.03	0.56	0.03	0.54	0.11	0.55		
271	37115670	141.38	124.59	-1.17	0.55	0.16	0.57	0.16	0.57	-0.02	0.58	-539.92	0.49
272	37107614	141.19	124.97	2.15	0.77	-0.03	0.79	0.07	0.79	0.08	0.80	578.64	0.69
273	15209001*	140.97		0.52	0.18	0.16	0.23	0.02	0.24	0.03	0.24		
274	37114629	140.86	124.84	-1.08	0.51	0.17	0.54	0.22	0.53	-0.13	0.54	718.99	0.44
275	37117683	140.63	124.43	2.16	0.47	0.26	0.53	-0.14	0.49	-0.04	0.12	105.92	0.38
276	41110276	140.38	124.32	1.10	0.52	0.00	0.54	0.12	0.54	0.06	0.56	197.98	0.13
277	15214115	140.34	124.23	-1.42	0.51	0.10	0.57	0.15	0.53	0.12	0.56	62.12	0.11
278	15214811	140.08		2.85	0.43	0.10	0.44	-0.07	0.45	0.00	0.47		
279	41215415	139.99	123.93	-0.34	0.43	0.08	0.43	0.13	0.45	0.07	0.46	-127.69	0.41
280	41113270	139.98		1.16	0.49	0.07	0.68	0.21	0.66	-0.23	0.61		

（续）

（续）

序号	牛号	CBI	TPI	体型外貌评分		7~12月龄日增重		13~18月龄日增重		19~24月龄日增重		4%乳脂率校正奶量	
				EBV	r^2	EBV	r^2	EBV	r^2	EBV	r^2	EBV	r^2
281	53115337	139.71	123.90	1.95	0.47	0.00	0.55	0.07	0.51	0.05	0.50	168.59	0.08
282	41112944	139.70	123.83	1.99	0.49	0.03	0.51	0.01	0.51	0.07	0.53	18.00	0.44
283	41110296	139.55	123.66	1.52	0.45	0.14	0.46	-0.02	0.48	0.01	0.49	-158.51	0.03
284	41409110	139.42	123.59	0.63	0.51	0.13	0.52	0.05	0.53	0.00	0.55	-130.50	0.05
285	13216469	138.82	123.15	-0.35	0.48	0.09	0.49	0.25	0.49	-0.17	0.51	-313.84	0.08
286	14115816	138.69	123.17	2.64	0.49	0.22	0.54	-0.07	0.51	-0.16	0.53	-90.42	0.42
287	22215135	138.58		0.31	0.10	0.17	0.51	0.10	0.51	-0.12	0.52		
288	41116928	138.55	123.10	2.00	0.47	0.06	0.50	0.05	0.50	-0.04	0.52	-64.18	0.03
289	51114012	138.47	123.17	0.76	0.53	0.22	0.55	-0.19	0.55	0.25	0.56	201.84	0.12
290	14115311	138.29		2.25	0.45	-0.01	0.46	0.06	0.48	0.01	0.49		
291	15216223	138.28		2.75	0.52	-0.06	0.53	-0.05	0.54	0.25	0.55		
292	37115667	138.24	122.70	-1.17	0.55	0.17	0.57	0.14	0.57	-0.03	0.58	-539.92	0.49
293	41409197	138.19	122.89	0.43	0.49	0.10	0.51	0.08	0.51	0.01	0.52	-50.41	0.12
294	53115345	138.05		-0.52	0.49	0.11	0.52	0.14	0.52	0.00	0.52		
295	22114045	137.67		0.21	0.46	0.07	0.50	0.07	0.51	0.11	0.51		
296	41416121	137.66		1.21	0.45	0.14	0.47	0.14	0.47	-0.24	0.48		
297	21216066	137.64		3.71	0.46	-0.07	0.47	-0.04	0.48	0.12	0.49		
298	15210079*	137.51		0.71	0.03	0.14	0.44	-0.17	0.45	0.34	0.47		
299	37114665	137.46	122.41	-0.57	0.48	0.21	0.52	0.06	0.51	-0.02	0.52	-162.21	0.43
300	22109017*	137.45		0.50	0.09	0.13	0.12	0.04	0.12	0.01	0.12		
301	14111009	137.44	122.41	1.03	0.49	-0.02	0.50	0.09	0.51	0.13	0.52	-130.50	0.05
302	41116908	137.24	122.33	0.12	0.48	0.05	0.50	0.09	0.49	0.10	0.51	-42.18	0.05
303	41115286	137.19		0.76	0.50	0.07	0.57	0.13	0.57	-0.09	0.58		
304	15206003*	137.14		1.28	0.43	0.06	0.45	0.00	0.46	0.12	0.47		
305	62116109	136.82		-0.16	0.49	0.18	0.50	0.04	0.50	0.00	0.16		
306	36110808	136.61	121.93	1.86	0.47	-0.21	0.47	0.02	0.48	0.45	0.50	-86.36	0.06
307	22213000	136.59	121.93	-0.84	0.50	0.05	0.51	0.12	0.51	0.15	0.52	-50.41	0.12
308	22214019*	136.57		0.01	0.17	0.12	0.52	0.03	0.52	0.10	0.52		

（续）

序号	牛号	CBI	TPI	体型外貌评分		7～12 月龄日增重		13～18 月龄日增重		19～24 月龄日增重		4%乳脂率校正奶量	
				EBV	r²	EBV	r²	EBV	r²	EBV	r²	EBV	r²
309	11104566	136.52		3.06	0.46	-0.36	0.61	0.41	0.52	-0.12	0.52		
310	15516X03	136.34	121.93	0.91	0.43	0.12	0.44	0.13	0.45	-0.18	0.47	271.74	0.02
311	41114264	136.26		1.30	0.48	0.21	0.56	-0.03	0.56	-0.10	0.56		
312	41112950	136.07	121.76	1.79	0.48	0.03	0.49	0.04	0.50	0.02	0.51	266.87	0.44
313	51114005	135.78	121.59	0.98	0.49	0.20	0.51	-0.13	0.51	0.12	0.52	266.12	0.04
314	22212115*	135.66		-0.99	0.18	0.21	0.52	-0.03	0.53	0.15	0.54		
315	41110906*	135.29	121.12	0.96	0.50	0.10	0.52	-0.10	0.52	0.24	0.54	-114.74	0.05
316	15212138	135.16		0.07	0.50	0.18	0.58	0.03	0.59	-0.02	0.60		
317	41109218	135.12	121.01	1.13	0.47	0.10	0.49	-0.06	0.50	0.14	0.51	-130.87	0.05
318	63109241	134.87	120.70	1.49	0.49	0.11	0.22	-0.02	0.22	0.03	0.22	-498.11	0.13
319	15213427	134.86	120.94	0.13	0.46	0.08	0.56	0.03	0.49	0.14	0.49	49.58	0.01
320	22214035	134.83		-0.23	0.19	0.15	0.52	0.10	0.52	-0.06	0.53		
321	13216459	134.81		-0.48	0.43	0.07	0.43	0.27	0.45	-0.20	0.46		
322	41111208*	134.77		0.57	0.45	-0.02	0.49	0.12	0.49	0.09	0.51		
323	15210613	134.77		3.40	0.44	0.05	0.44	-0.04	0.45	-0.08	0.47		
324	22106621*	134.73		0.37	0.45	0.12	0.47	0.02	0.48	0.05	0.49		
325	41213427	134.66	120.66	-0.23	0.48	0.06	0.49	0.10	0.49	0.08	0.51	-313.84	0.08
△	64113427*												
326	41116916	134.62	120.85	1.35	0.46	0.05	0.49	0.03	0.50	0.03	0.50	176.52	0.03
327	15215225	134.57	120.64	1.45	0.45	0.17	0.48	0.03	0.49	-0.17	0.49	-212.95	0.05
328	41116906	134.56	120.72	-0.02	0.48	0.03	0.50	0.09	0.49	0.13	0.16	-42.18	0.05
329	41115288	134.53		0.31	0.51	0.19	0.56	0.03	0.56	-0.08	0.56		
330	36111212	134.34	120.71	-0.67	0.45	-0.14	0.47	0.35	0.48	0.02	0.49	232.81	0.02
331	41117904	134.23		-0.14	0.47	0.22	0.47	0.02	0.11	-0.04	0.01		
332	41110916*	134.12	120.44	-0.40	0.53	0.16	0.55	0.02	0.56	0.08	0.57	-73.73	0.18
333	41411101	134.02	120.35	0.51	0.51	0.10	0.52	0.05	0.53	0.02	0.55	-130.50	0.05
334	22211222*	134.00	120.44	-0.85	0.11	0.22	0.47	0.09	0.48	-0.09	0.49	93.38	0.40
335	13217015	133.89		-0.19	0.43	0.06	0.44	0.27	0.48	-0.24	0.49		

（续）

序号	牛号	CBI	TPI	体型外貌评分		7~12月龄日增重		13~18月龄日增重		19~24月龄日增重		4%乳脂率校正奶量	
				EBV	r^2	EBV	r^2	EBV	r^2	EBV	r^2	EBV	r^2
336	22216677	133.71		-0.34	0.49	0.05	0.50	0.00	0.51	0.28	0.52		
337	15213313	133.59	120.20	1.62	0.49	0.00	0.51	0.07	0.51	0.01	0.52	89.34	0.10
338	15210331	133.24		2.29	0.46	0.06	0.47	-0.18	0.48	0.27	0.49		
339	41409133	133.18	119.86	1.24	0.44	0.12	0.46	0.03	0.47	-0.09	0.48	-119.67	0.04
340	36110720	133.15	119.94	0.82	0.48	-0.15	0.50	0.08	0.51	0.33	0.52	108.33	0.03
341	15110878*	133.13		0.96	0.10	0.07	0.11	-0.01	0.11	0.10	0.10		
342	15209004	133.10		-0.29	0.47	0.15	0.50	0.01	0.51	0.09	0.52		
343	15516X09	132.80	119.55	-0.38	0.51	0.08	0.54	0.25	0.54	-0.21	0.55	-297.18	0.17
344	53114326	132.44		0.78	0.15	0.15	0.49	0.03	0.50	-0.09	0.51		
△	41114240*												
345	41115294	132.28		0.28	0.49	0.18	0.56	0.04	0.55	-0.09	0.30		
346	65116514	132.23	119.37	-0.09	0.47	0.00	0.47	0.09	0.48	0.17	0.50	62.15	0.43
347	41316924	132.23	119.42	0.74	0.46	0.19	0.49	-0.04	0.50	-0.02	0.50	176.52	0.03
△	41116924												
348	15215618	132.11		1.34	0.44	0.06	0.03	0.04	0.03	-0.02	0.03		
349	21216020	132.01		3.42	0.49	0.06	0.51	-0.15	0.52	0.08	0.51		
350	22210427*	131.90	119.12	-0.56	0.19	0.07	0.50	0.06	0.51	0.14	0.52	-50.41	0.12
351	15215616	131.52		0.93	0.47	0.06	0.49	0.20	0.49	-0.25	0.50		
352	62111150	131.46		1.40	0.44	0.05	0.44	0.05	0.45	-0.03	0.47		
353	51114010	131.43	118.88	1.85	0.46	0.09	0.48	-0.07	0.48	0.07	0.49	51.17	0.04
354	14116218	131.39		0.07	0.44	0.23	0.44	-0.04	0.45	-0.03	0.47		
355	62111149	131.34		1.19	0.43	0.02	0.43	0.02	0.45	0.09	0.46		
356	41213424	131.32	118.72	0.76	0.49	-0.02	0.49	0.06	0.50	0.14	0.51	-151.47	0.11
△	64113424*												
357	21215006	131.29		1.32	0.52	-0.10	0.54	0.18	0.55	-0.01	0.56		
358	15214107	131.18	118.82	-1.88	0.49	0.22	0.51	0.07	0.51	0.02	0.51	251.91	0.05
359	15215421	131.00		-0.01	0.43	0.18	0.43	0.00	0.45	0.00	0.46		
360	15212131	130.98	118.78	0.84	0.47	0.04	0.53	0.06	0.48	0.04	0.49	438.82	0.09

（续）

序号	牛号	CBI	TPI	体型外貌评分		7~12月龄日增重		13~18月龄日增重		19~24月龄日增重		4%乳脂率校正奶量	
				EBV	r^2	EBV	r^2	EBV	r^2	EBV	r^2	EBV	r^2
361	41415160	130.94	118.59	-0.51	0.49	0.09	0.49	0.07	0.50	0.08	0.52	65.94	0.02
362	41116918	130.91	118.52	1.70	0.47	0.06	0.50	-0.02	0.50	0.03	0.52	-64.18	0.03
363	41110262*	130.73	118.22	-0.78	0.50	0.15	0.51	0.00	0.52	0.12	0.53	-498.11	0.13
364	62111157	130.72		0.81	0.46	0.00	0.47	0.13	0.48	-0.02	0.49		
365	22212931	130.70		0.88	0.48	0.11	0.20	0.06	0.52	-0.09	0.53		
366	21216019	130.70		2.64	0.49	0.01	0.54	-0.05	0.55	0.07	0.56		
367	41312113	130.63	118.37	-0.17	0.47	0.00	0.48	0.00	0.49	0.32	0.50	-16.87	0.09
368	36111314	130.62		0.48	0.44	-0.24	0.44	0.41	0.45	-0.08	0.47		
369	41415168	130.61		1.31	0.52	0.14	0.53	0.04	0.54	-0.16	0.54		
370	15216241	130.58		2.47	0.52	-0.20	0.57	0.17	0.57	0.05	0.58		
371	51113197	130.53	118.10	0.85	0.50	0.04	0.51	0.07	0.52	0.01	0.53	-498.11	0.13
372	22210925*	130.41	118.02	-0.80	0.20	0.34	0.51	-0.17	0.52	0.12	0.53	-498.11	0.13
373	34112843	130.22	117.96	0.45	0.49	0.19	0.50	-0.04	0.50	0.00	0.51	-385.37	0.44
374	41215402	130.13	118.16	-0.45	0.50	0.07	0.51	0.05	0.52	0.14	0.53	187.94	0.13
△	64115313												
375	65111561	130.07		-1.11	0.46	-0.05	0.48	0.27	0.49	0.02	0.49		
376	51114013	129.97	118.08	1.85	0.48	0.15	0.50	-0.26	0.49	0.29	0.50	230.10	0.04
377	41312116	129.95	117.75	-1.31	0.50	0.13	0.51	0.02	0.52	0.19	0.53	-498.11	0.13
378	41411105	129.89		0.08	0.44	0.04	0.44	0.10	0.45	0.03	0.47		
379	22110077	129.66		1.50	0.45	0.04	0.06	0.00	0.06	0.05	0.48		
380	65111555	129.65		-0.84	0.43	-0.05	0.43	0.26	0.45	0.01	0.46		
381	41112938	129.47	117.86	1.23	0.48	0.06	0.50	0.00	0.51	0.04	0.51	393.53	0.44
382	22114023	129.45		1.24	0.46	-0.01	0.49	0.11	0.51	-0.02	0.52		
383	41412106	129.28	117.60	-0.41	0.53	0.22	0.53	0.00	0.54	-0.03	0.55	65.27	0.02
384	41215414*	129.24	117.34	0.04	0.47	0.05	0.47	0.06	0.48	0.07	0.50	-441.28	0.45
385	22207271*	129.01		0.63	0.42	0.23	0.43	-0.13	0.44	0.06	0.46		
386	41111210*	128.96		0.07	0.47	0.02	0.49	0.07	0.50	0.11	0.51		
387	34113045	128.90	117.60	-1.44	0.49	-0.17	0.57	0.29	0.52	0.21	0.53	583.94	0.07

（续）

序号	牛号	CBI	TPI	体型外貌评分		7~12月龄日增重		13~18月龄日增重		19~24月龄日增重		4%乳脂率校正奶量	
				EBV	r²	EBV	r²	EBV	r²	EBV	r²	EBV	r²
388	41117912	128.89	117.19	-0.23	0.50	0.14	0.51	-0.07	0.52	0.19	0.51	-314.55	0.09
389	53115334	128.80	117.37	0.56	0.48	-0.04	0.58	0.18	0.53	-0.03	0.51	206.25	0.07
390	14110628	128.63	117.26	-0.43	0.50	0.08	0.51	-0.02	0.52	0.23	0.53	187.94	0.13
391	51115016	128.45	117.21	2.00	0.49	0.20	0.52	-0.20	0.51	0.07	0.52	302.15	0.06
392	15207206˙	128.30		0.64	0.04	0.06	0.46	0.12	0.47	-0.10	0.49		
393	22211219˙	128.19	117.17	-0.53	0.08	0.15	0.46	0.14	0.47	-0.15	0.48	578.70	0.39
394	41415154	128.17	116.93	-0.55	0.53	0.13	0.53	0.10	0.54	-0.05	0.56	65.27	0.02
395	13213745	128.17	116.84	-0.03	0.47	0.10	0.49	0.12	0.19	-0.11	0.19	-139.36	0.44
396	22214007˙	128.00		-0.17	0.19	0.13	0.51	0.12	0.52	-0.13	0.53		
397	22215137	127.81		0.96	0.50	0.19	0.52	0.02	0.53	-0.20	0.54		
398	22214501˙	127.68	116.60	0.53	0.17	0.02	0.50	0.05	0.49	0.09	0.50	-19.35	0.14
399	36111807	127.67		-0.15	0.45	0.33	0.45	-0.32	0.46	0.30	0.48		
400	41116922	127.64	116.76	0.44	0.46	0.07	0.49	0.04	0.49	0.02	0.52	394.56	0.43
401	22214091˙	127.64		0.18	0.21	0.17	0.53	-0.06	0.53	0.07	0.54		
402	53115340	127.60	116.49	1.99	0.47	-0.05	0.48	0.06	0.49	0.01	0.51	-148.04	0.05
403	21216025	127.53		2.82	0.52	-0.15	0.54	0.02	0.55	0.14	0.56		
404	65116515	127.53	116.67	0.35	0.49	0.00	0.51	0.05	0.51	0.13	0.53	340.44	0.44
405	22210021	127.41	116.40	-1.07	0.48	-0.02	0.50	0.01	0.51	0.35	0.52	-110.88	0.10
406	37114617	127.38	116.72	-1.44	0.46	0.23	0.73	0.08	0.58	-0.10	0.51	642.01	0.42
407	62111170	127.32		1.19	0.45	0.10	0.56	0.00	0.54	-0.05	0.48		
408	41117914	127.24	116.20	-0.31	0.50	0.10	0.51	0.01	0.52	0.13	0.21	-314.55	0.09
409	11116922	127.23		-0.87	0.55	0.16	0.56	-0.15	0.57	0.36	0.58		
410	15410872	127.03		0.83	0.46	0.11	0.47	0.01	0.48	-0.02	0.49		
411	22207247˙	126.95		0.21	0.43	0.15	0.44	0.02	0.45	-0.05	0.46		
412	36111119	126.93	116.15	0.42	0.46	-0.09	0.46	0.24	0.47	-0.06	0.49	-17.88	0.04
413	41115284	126.88		-0.03	0.52	0.23	0.59	0.01	0.59	-0.12	0.59		
414	62111161	126.86		0.53	0.46	0.02	0.47	0.10	0.48	-0.01	0.49		
415	21217017	126.84		0.75	0.51	0.00	0.51	-0.03	0.51	0.22	0.52		

（续）

序号	牛号	CBI	TPI	体型外貌评分		7～12月龄日增重		13～18月龄日增重		19～24月龄日增重		4%乳脂率校正奶量	
				EBV	r²	EBV	r²	EBV	r²	EBV	r²	EBV	r²
416	41108226*	126.77	116.17	-0.37	0.46	-0.01	0.48	0.08	0.49	0.19	0.50	237.84	0.02
417	22213109	126.76	116.01	-0.48	0.52	0.05	0.53	-0.01	0.54	0.25	0.54	-105.85	0.14
418	37115668	126.73	116.04	-0.47	0.54	0.10	0.56	0.07	0.56	0.01	0.58	9.62	0.50
419	41108253	126.72	115.53	0.42	0.50	0.04	0.51	0.03	0.52	0.09	0.53	-1113.09	0.43
420	15213106	126.71	116.20	0.34	0.48	0.07	0.52	0.01	0.51	0.09	0.52	383.82	0.16
421	22111013	126.69		0.14	0.50	0.09	0.54	0.04	0.54	0.02	0.55		
422	65117502	126.66		-0.42	0.47	0.10	0.48	0.07	0.49	0.01	0.50		
423	41112926*	126.65	115.96	-0.91	0.49	0.13	0.50	0.11	0.51	-0.06	0.52	-64.86	0.40
424	22214027	126.63		-0.12	0.50	0.21	0.52	0.06	0.53	-0.18	0.54		
425	41409175*	126.56		1.53	0.45	0.17	0.45	-0.11	0.47	0.00	0.48		
426	22115051*	126.51		0.66	0.15	0.06	0.22	0.05	0.21	0.00	0.21		
427	15209919	126.34	115.86	-2.44	0.47	0.15	0.50	0.15	0.51	0.02	0.52	108.33	0.03
428	15210605	126.26		1.96	0.49	0.04	0.49	-0.02	0.51	-0.01	0.52		
429	37115669	126.22	115.49	-1.45	0.55	0.14	0.57	0.07	0.57	0.08	0.58	-539.92	0.49
430	15206006*	126.02		0.31	0.43	0.22	0.45	-0.07	0.46	-0.02	0.47		
431	15216542	125.93		3.02	0.44	0.00	0.44	0.02	0.45	-0.13	0.47		
432	41317043	125.90	115.63	0.59	0.48	0.14	0.48	-0.08	0.49	0.10	0.50	215.42	0.04
433	22214013*	125.79		-0.11	0.20	0.16	0.52	0.08	0.53	-0.15	0.53		
434	22214521*	125.72		0.37	0.26	0.11	0.51	0.00	0.54	0.04	0.55		
435	65116509	125.63	115.33	1.14	0.46	0.04	0.50	-0.03	0.48	0.09	0.49	-108.86	0.46
436	51114006	125.60	115.44	0.32	0.22	0.12	0.27	0.00	0.24	0.01	0.24	173.78	0.11
437	36111106	125.56	115.30	-0.11	0.45	-0.23	0.47	0.37	0.48	-0.02	0.49	-68.97	0.05
438	41116914	125.48	115.26	1.94	0.47	0.08	0.50	-0.05	0.18	-0.02	0.19	-64.18	0.03
439	41315292	125.47		0.33	0.49	0.26	0.51	-0.06	0.52	-0.13	0.52		
△	41115292												
440	22213002	125.18	115.09	-0.84	0.50	0.08	0.51	0.02	0.51	0.16	0.52	-50.41	0.12
441	22214099*	125.08		-0.26	0.20	0.12	0.51	-0.03	0.52	0.12	0.53		
442	65111556	125.01		-0.97	0.46	-0.11	0.57	0.31	0.48	-0.01	0.49		

（续）

序号	牛号	CBI	TPI	体型外貌评分		7~12月龄日增重		13~18月龄日增重		19~24月龄日增重		4%乳脂率校正奶量	
				EBV	r^2	EBV	r^2	EBV	r^2	EBV	r^2	EBV	r^2
443	41312115	124.72	115.03	0.43	0.54	0.05	0.57	-0.06	0.58	0.22	0.57	430.83	0.17
444	21217001	124.71		1.41	0.45	-0.01	0.46	-0.02	0.48	0.12	0.49		
445	22112009	124.67		0.35	0.44	0.08	0.45	0.10	0.46	-0.11	0.48		
446	41112224*	124.64		-1.39	0.46	-0.01	0.50	0.18	0.50	0.10	0.52		
447	22214527*	124.42	115.32	-0.53	0.08	0.11	0.47	0.07	0.48	-0.01	0.49	1489.26	0.44
448	41215412	124.42	114.51	-0.82	0.44	0.05	0.44	0.05	0.46	0.15	0.47	-315.51	0.42
449	22215131	124.38	114.56	0.88	0.46	0.01	0.50	0.05	0.20	0.04	0.19	-153.78	0.41
450	15208603	124.29		-0.80	0.43	0.05	0.72	0.10	0.61	0.06	0.50		
451	41113268	124.23	114.61	2.07	0.48	0.02	0.67	-0.01	0.65	-0.01	0.54	154.80	0.43
452	21215007	124.18		1.04	0.52	-0.10	0.54	0.18	0.55	-0.04	0.56		
453	22215141	124.13		-0.41	0.48	0.11	0.51	0.11	0.52	-0.10	0.53		
454	41317031	124.02	114.50	0.20	0.45	0.26	0.46	-0.14	0.47	0.03	0.48	200.31	0.03
455	41113274	123.84		2.17	0.50	-0.12	0.67	0.09	0.64	0.02	0.56		
456	53210116	123.83	114.27	-1.02	0.50	0.09	0.54	0.04	0.54	0.13	0.20	-50.41	0.12
457	65116522	123.76	114.48	0.51	0.50	0.07	0.50	-0.03	0.51	0.10	0.52	507.33	0.44
458	15215734	123.74		0.39	0.52	0.09	0.58	0.03	0.58	-0.01	0.54		
459	15215308	123.65		0.94	0.52	0.13	0.55	-0.01	0.55	-0.08	0.56		
460	42113075	123.52		2.93	0.69	-0.18	0.69	0.08	0.62	0.05	0.59		
461	11116921	123.33		-1.46	0.55	0.18	0.56	-0.16	0.57	0.37	0.58		
462	65111554	123.29		-0.86	0.46	-0.11	0.47	0.27	0.48	0.02	0.49		
463	41113272	123.22		1.90	0.49	-0.02	0.58	0.02	0.59	0.00	0.52		
464	22213117	123.16	113.87	-0.07	0.46	0.01	0.48	0.02	0.49	0.19	0.50	-68.97	0.05
465	36113007	123.14	114.05	0.94	0.47	0.02	0.48	0.04	0.48	0.03	0.49	365.44	0.08
466	22215553	123.10		-1.04	0.49	0.07	0.50	0.02	0.51	0.17	0.52		
467	15207215*	123.02	113.81	0.79	0.08	0.04	0.47	-0.05	0.48	0.15	0.50	-7.91	0.04
468	22110027*	123.02		-0.45	0.10	0.09	0.14	0.04	0.13	0.05	0.12		
469	14116304	122.90	113.82	-0.47	0.50	0.25	0.51	-0.07	0.52	-0.02	0.53	167.45	0.14
470	13109033*	122.73	113.41	-0.80	0.20	0.02	0.51	0.18	0.52	-0.03	0.53	-498.11	0.13

2019中国肉用及乳肉兼用种公牛遗传评估概要
Sire Summaries on National Beef and Dual-purpose Cattle Genetic Evaluation 2019

（续）

序号	牛号	CBI	TPI	体型外貌评分		7~12月龄日增重		13~18月龄日增重		19~24月龄日增重		4%乳脂率校正奶量	
				EBV	r^2	EBV	r^2	EBV	r^2	EBV	r^2	EBV	r^2
471	53115342	122.65	113.67	-0.35	0.49	0.03	0.56	0.08	0.53	0.07	0.54	167.45	0.14
472	15205024*	122.44		0.65	0.03	0.04	0.43	0.09	0.45	-0.09	0.45		
473	62111151	122.28		1.90	0.44	0.04	0.44	0.04	0.45	-0.14	0.47		
474	15203077*	122.22		-0.25	0.27	0.06	0.42	-0.01	0.37	0.16	0.37		
475	22113045	122.19		0.16	0.49	0.08	0.50	-0.02	0.51	0.10	0.53		
476	22212242*	122.12	113.37	0.10	0.03	0.17	0.43	0.03	0.44	-0.14	0.46	221.67	0.38
477	41116912	122.06	113.35	1.02	0.46	0.04	0.49	0.04	0.50	-0.04	0.52	257.70	0.04
478	22210347	122.05	113.37	0.13	0.46	0.06	0.14	0.09	0.49	-0.05	0.50	301.05	0.39
479	22112053	122.03		0.80	0.52	0.06	0.56	0.04	0.56	-0.04	0.57		
480	41413102	122.00	113.19	-0.78	0.46	0.07	0.47	0.04	0.48	0.12	0.49	-19.38	0.01
481	15208134*	121.95		0.48	0.04	0.14	0.45	0.02	0.47	-0.10	0.48		
482	41409172	121.87		0.35	0.43	0.17	0.43	-0.02	0.45	-0.07	0.46		
483	41415156	121.82		-0.74	0.44	0.12	0.44	0.06	0.46	0.00	0.47		
484	21217016	121.81		1.03	0.51	-0.03	0.51	-0.03	0.51	0.20	0.52		
485	41105226*	121.46		1.14	0.42	-0.06	0.45	0.06	0.46	0.07	0.46		
486	21211105	121.33	112.54	-0.69	0.52	0.13	0.54	0.01	0.55	0.06	0.55	-568.61	0.14
487	22116003	121.17		-0.13	0.53	-0.02	0.55	-0.01	0.56	0.27	0.57		
488	41414152	121.11		-0.08	0.49	0.15	0.51	0.02	0.52	-0.06	0.52		
489	22210011*	120.91	112.47	0.26	0.10	0.16	0.48	-0.04	0.49	-0.02	0.50	-176.53	0.08
490	11116920	120.68		-1.46	0.55	0.19	0.56	-0.18	0.57	0.36	0.58		
491	41413140	120.59		-0.43	0.60	0.02	0.68	0.15	0.63	-0.04	0.56		
492	22211225	120.54	112.23	-1.07	0.47	0.23	0.49	0.03	0.50	-0.10	0.51	-208.34	0.41
493	15208128*	120.53		0.36	0.03	0.11	0.43	-0.06	0.45	0.10	0.47		
494	22214011*	120.31		-0.26	0.20	0.20	0.52	0.01	0.53	-0.12	0.54		
495	41106235*	120.27		0.23	0.44	-0.03	0.45	0.10	0.46	0.04	0.47		
496	13115642	120.20		-2.24	0.45	0.07	0.47	0.24	0.49	-0.09	0.49		
497	41107209	120.13		1.14	0.44	-0.03	0.47	-0.01	0.48	0.13	0.48		
498	22111015	120.12		-0.21	0.49	0.06	0.50	0.02	0.51	0.08	0.52		

（续）

（续）

序号	牛号	CBI	TPI	体型外貌评分		7~12月龄日增重		13~18月龄日增重		19~24月龄日增重		4%乳脂率校正奶量	
				EBV	r²	EBV	r²	EBV	r²	EBV	r²	EBV	r²
499	22213107˙	120.04	111.79	-0.93	0.24	0.06	0.53	-0.02	0.54	0.24	0.55	-532.60	0.14
500	11116923	120.02		0.33	0.47	0.14	0.21	-0.16	0.51	0.20	0.50		
501	65111550	120.00		-1.40	0.46	-0.08	0.46	0.25	0.47	0.05	0.48		
502	53210117	119.95	111.83	-1.15	0.50	0.08	0.53	-0.05	0.54	0.27	0.53	-314.20	0.08
503	21114733	119.91	111.84	-0.04	0.46	0.19	0.48	0.06	0.48	-0.22	0.51	-234.57	0.41
504	15410867	119.90		0.55	0.44	0.10	0.45	0.02	0.46	-0.07	0.48		
505	51114011	119.87	111.90	0.06	0.47	0.11	0.49	-0.07	0.49	0.12	0.51	-42.18	0.05
506	22212117	119.86		-1.46	0.50	0.14	0.60	-0.01	0.52	0.14	0.53		
507	15516X13	119.81	111.75	-0.44	0.51	-0.01	0.54	0.28	0.54	-0.23	0.55	-297.18	0.17
508	41116904	119.80		0.59	0.44	0.05	0.47	0.03	0.48	-0.03	0.51		
509	22112043	119.62		1.15	0.51	0.06	0.55	0.00	0.55	-0.04	0.56		
510	14116423	119.43		1.20	0.46	-0.10	0.14	0.01	0.14	0.20	0.47		
511	53113290˙	119.25		-0.60	0.48	0.03	0.52	0.05	0.52	0.11	0.52		
512	15212127	119.03		-0.49	0.50	0.16	0.58	0.00	0.59	-0.02	0.60		
513	62111171	119.02		1.09	0.51	0.03	0.58	-0.02	0.56	0.05	0.54		
514	15215324	119.02		1.46	0.53	0.09	0.57	-0.02	0.58	-0.10	0.59		
515	22215121	119.01		-0.44	0.48	0.18	0.52	0.12	0.52	-0.27	0.53		
516	65111559	118.97		-1.35	0.46	-0.09	0.46	0.28	0.47	0.00	0.49		
517	41407129	118.85		1.99	0.44	0.01	0.08	0.02	0.07	-0.11	0.47		
518	65111553	118.81		-0.91	0.44	-0.04	0.45	0.20	0.46	0.00	0.48		
519	65117546	118.74	111.25	-0.04	0.47	0.10	0.49	0.01	0.49	-0.01	0.10	3.83	0.06
520	41409195	118.73	111.22	-1.00	0.51	0.08	0.52	0.08	0.52	0.02	0.53	-50.41	0.12
521	51113196	118.72	111.18	1.23	0.46	0.11	0.47	-0.08	0.48	0.01	0.49	-113.72	0.05
522	62111159	118.70		1.28	0.44	0.02	0.44	-0.01	0.45	0.01	0.47		
523	61113105	118.56		0.17	0.07	0.06	0.12	0.09	0.09	-0.10	0.07		
524	62111154	118.45		1.88	0.43	0.02	0.44	0.01	0.45	-0.09	0.46		
525	65116526	118.38	111.22	-0.47	0.48	0.03	0.49	0.03	0.50	0.13	0.50	422.25	0.43
526	51114003	118.37	111.20	-0.51	0.52	0.23	0.56	-0.06	0.54	-0.04	0.54	385.05	0.12

（续）

序号	牛号	CBI	TPI	体型外貌评分		7～12月龄日增重		13～18月龄日增重		19～24月龄日增重		4%乳脂率校正奶量	
				EBV	r²	EBV	r²	EBV	r²	EBV	r²	EBV	r²
527	41317042	118.29	111.07	-0.25	0.48	0.18	0.48	-0.12	0.49	0.11	0.50	215.42	0.04
528	41408136˙	118.19	110.85	2.25	0.47	0.02	0.49	0.01	0.51	-0.13	0.52	-148.04	0.05
529	41312118	118.09	111.06	0.00	0.51	0.07	0.53	-0.05	0.54	0.14	0.55	457.86	0.18
530	53115341	117.93	110.91	0.34	0.48	-0.02	0.50	0.05	0.50	0.07	0.51	329.75	0.13
531	37114666	117.87	110.93	-0.98	0.51	0.18	0.66	-0.01	0.58	0.01	0.53	468.06	0.42
532	36110601	117.82		-0.39	0.43	0.05	0.43	-0.02	0.44	0.17	0.46		
533	41407126	117.70		0.80	0.43	0.27	0.44	-0.13	0.45	-0.13	0.47		
534	22216641	117.70		-0.48	0.50	0.12	0.52	0.05	0.52	-0.06	0.53		
535	41109248	117.60	110.65	0.64	0.51	0.07	0.52	-0.14	0.53	0.23	0.54	203.70	0.13
536	15210711	117.58		1.53	0.47	0.02	0.45	0.01	0.47	-0.06	0.50		
537	36111710	117.31		-0.18	0.45	0.21	0.45	-0.26	0.46	0.30	0.48		
538	41413192	117.29		0.68	0.45	0.19	0.44	-0.05	0.46	-0.13	0.47		
539	22107751	117.14		0.76	0.46	0.07	0.48	-0.08	0.49	0.09	0.50		
540	22115033	117.14		1.28	0.52	0.03	0.54	-0.01	0.55	0.00	0.56		
541	65116517	117.14		-0.57	0.46	0.03	0.47	0.09	0.48	0.01	0.48		
542	65111562	117.08		-1.71	0.46	0.01	0.48	0.19	0.50	0.02	0.49		
543	41415198	116.99	110.13	-0.12	0.52	0.11	0.56	0.10	0.56	-0.17	0.57	-133.01	0.47
544	62108001	116.93	109.88	-0.46	0.46	0.17	0.47	-0.08	0.49	0.07	0.51	-612.98	0.07
545	62112079	116.92		-0.26	0.46	0.13	0.46	0.00	0.47	-0.02	0.48		
546	15208203˙	116.86	110.06	-0.05	0.07	0.06	0.09	0.04	0.09	-0.01	0.09	-119.67	0.04
547	41311098	116.77	110.07	-0.93	0.18	0.03	0.50	-0.01	0.51	0.22	0.52	10.16	0.09
548	62111059	116.54		0.18	0.44	0.03	0.44	0.05	0.45	0.00	0.47		
549	41108255˙	116.52	109.47	-0.07	0.51	0.04	0.53	0.01	0.55	0.09	0.56	-998.26	0.43
550	41112942˙	116.39	108.89	0.10	0.15	0.09	0.49	0.02	0.50	-0.04	0.16	-2109.45	0.43
551	62111173	116.36		1.04	0.48	0.05	0.57	-0.02	0.53	0.00	0.51		
552	51114008	116.26	109.87	0.52	0.50	0.05	0.51	0.02	0.51	-0.02	0.52	251.91	0.05
553	41108201˙	116.20		0.37	0.45	0.04	0.46	-0.06	0.47	0.15	0.49		
554	21108706	116.19		0.12	0.03	0.07	0.03	0.00	0.03	0.03	0.03		

（续）

序号	牛号	CBI	TPI	体型外貌评分		7~12 月龄日增重		13~18 月龄日增重		19~24 月龄日增重		4%乳脂率校正奶量	
				EBV	r^2	EBV	r^2	EBV	r^2	EBV	r^2	EBV	r^2
555	65111565	116.17		-1.06	0.48	-0.02	0.50	0.18	0.51	0.00	0.52		
556	14116419	116.12	109.67	-0.30	0.48	0.22	0.48	-0.05	0.50	-0.09	0.51	-7.70	0.06
557	37114663	115.99	109.75	-1.65	0.49	0.11	0.68	0.10	0.61	-0.02	0.49	360.51	0.43
558	41110288*	115.98		0.57	0.45	0.00	0.47	0.04	0.48	0.02	0.50		
559	41116926	115.92	109.52	1.83	0.47	0.08	0.50	-0.02	0.50	-0.16	0.52	-64.18	0.03
560	11110711	115.86	109.58	2.07	0.53	-0.01	0.55	-0.03	0.56	-0.01	0.57	150.87	0.41
561	14116701	115.82		-0.71	0.44	0.31	0.44	-0.08	0.45	-0.14	0.47		
562	41413185	115.81	109.42	1.03	0.47	0.01	0.49	0.02	0.50	-0.02	0.51	-148.04	0.05
563	15110826*	115.79		0.42	0.04	0.10	0.06	-0.03	0.06	-0.01	0.06		
564	41409131	115.55	109.38	0.24	0.47	0.06	0.50	0.08	0.51	-0.11	0.52	108.33	0.03
565	41108209*	115.50	109.08	-0.39	0.51	0.06	0.52	-0.04	0.53	0.16	0.54	-498.11	0.13
566	11116913	115.25		-2.48	0.47	0.11	0.47	-0.02	0.49	0.29	0.50		
567	41115292	115.21		0.19	0.51	0.16	0.57	0.00	0.56	-0.14	0.32		
568	15212135	115.09	109.10	-0.70	0.44	0.06	0.46	0.04	0.46	0.06	0.48	104.30	0.03
569	65116518	114.99	109.19	-0.14	0.50	-0.03	0.51	0.08	0.51	0.06	0.52	443.00	0.44
570	22210435*	114.98	109.01	0.30	0.11	0.09	0.49	0.01	0.50	-0.05	0.50	58.42	0.10
571	51114014	114.93	108.98	1.32	0.47	0.03	0.50	-0.09	0.50	0.11	0.51	59.60	0.06
572	37107618*	114.92	109.79	0.56	0.64	0.07	0.77	-0.05	0.69	0.06	0.69	1859.15	0.60
573	22213317	114.85	108.95	0.01	0.04	0.02	0.05	0.04	0.04	0.05	0.04	93.02	0.40
574	22115009	114.84		1.03	0.48	-0.01	0.54	0.06	0.54	-0.06	0.56		
575	65111564	114.82		-1.74	0.46	-0.13	0.46	0.31	0.47	0.01	0.48		
576	41116924	114.80	108.96	0.65	0.10	0.05	0.49	0.01	0.17	-0.04	0.14	176.52	0.03
577	22212111	114.51		-0.37	0.50	0.02	0.22	0.03	0.52	0.10	0.53		
578	41115290	114.51		0.34	0.49	0.03	0.51	0.09	0.51	-0.11	0.52		
579	15210416*	114.41		1.70	0.08	0.06	0.46	-0.16	0.47	0.14	0.48		
580	22111029	114.32		-0.44	0.49	0.00	0.55	0.02	0.55	0.15	0.56		
581	34110001	114.25	109.34	-0.76	0.46	0.06	0.20	0.05	0.18	0.03	0.17	1756.29	0.41
582	22114057	114.24		0.90	0.48	-0.02	0.50	0.03	0.51	0.02	0.53		

（续）

序号	牛号	CBI	TPI	体型外貌评分		7~12月龄日增重		13~18月龄日增重		19~24月龄日增重		4%乳脂率校正奶量	
				EBV	r^2	EBV	r^2	EBV	r^2	EBV	r^2	EBV	r^2
583	22215143	114.11		0.01	0.17	0.11	0.52	-0.03	0.25	0.01	0.24		
584	22114001	114.02		0.48	0.57	0.01	0.62	0.00	0.62	0.06	0.63		
585	15516X05	114.02	108.28	0.63	0.49	-0.01	0.52	0.14	0.52	-0.16	0.53	-297.18	0.17
586	41115206	114.02		1.29	0.49	0.15	0.56	0.00	0.55	-0.27	0.56		
587	37110035*	114.00	108.45	0.01	0.14	0.09	0.50	0.12	0.51	-0.22	0.52	108.33	0.03
588	13214247	113.97	108.18	0.13	0.10	0.19	0.48	-0.09	0.48	-0.03	0.15	-442.84	0.42
589	41414153	113.86		-0.16	0.49	0.15	0.51	0.01	0.52	-0.11	0.52		
590	65116527	113.82	108.56	0.04	0.48	0.06	0.49	-0.06	0.50	0.15	0.51	582.21	0.43
591	15205030*	113.82		0.65	0.03	0.02	0.03	0.03	0.03	-0.02	0.03		
592	41409178*	113.78		1.00	0.43	0.13	0.43	-0.01	0.45	-0.18	0.46		
593	11116918	113.73		-0.42	0.49	-0.02	0.51	-0.05	0.51	0.30	0.51		
594	22115035	113.69		1.59	0.48	0.01	0.52	0.04	0.53	-0.13	0.54		
595	41213422	113.63	108.16	-2.87	0.50	0.07	0.51	0.08	0.51	0.19	0.52	-50.41	0.12
△	64113422*												
596	41106212*	113.61		-0.30	0.44	-0.04	0.45	0.08	0.46	0.08	0.47		
597	22111023	113.55		-1.20	0.43	0.06	0.45	0.06	0.46	0.06	0.48		
598	22214201*	113.50	108.09	-0.79	0.17	0.02	0.50	0.04	0.51	0.12	0.52	-18.05	0.41
599	22115067	113.48		0.55	0.48	-0.06	0.51	0.18	0.52	-0.15	0.53		
600	41115278	113.45		-0.35	0.51	0.16	0.55	0.03	0.55	-0.15	0.56		
601	14116439	113.13	107.87	-0.41	0.48	0.11	0.48	-0.01	0.50	0.01	0.51	-7.70	0.06
602	13116553	113.07		-1.68	0.49	0.19	0.50	0.05	0.50	-0.08	0.52		
603	41411102	112.90	107.68	-0.11	0.49	0.00	0.50	0.03	0.51	0.07	0.52	-130.50	0.05
604	22114051*	112.76		1.09	0.15	-0.04	0.20	0.03	0.20	0.01	0.20		
605	41215407	112.75	107.74	-0.77	0.50	0.08	0.51	0.03	0.52	0.02	0.53	187.94	0.13
△	64115319*												
606	62115099	112.66		-0.61	0.50	0.03	0.51	0.14	0.51	-0.11	0.52		
607	41215411	112.60	107.38	-0.09	0.44	0.08	0.44	-0.03	0.46	0.05	0.47	-389.80	0.42
608	41115280	112.53		0.64	0.50	0.09	0.56	0.04	0.56	-0.16	0.56		

（续）

序号	牛号	CBI	TPI	体型外貌评分		7~12月龄日增重		13~18月龄日增重		19~24月龄日增重		4%乳脂率校正奶量	
				EBV	r^2	EBV	r^2	EBV	r^2	EBV	r^2	EBV	r^2
609	13213107	112.51	107.47	-0.21	0.47	0.06	0.48	-0.01	0.14	0.07	0.13	-75.54	0.42
610	65117528	112.48	107.59	0.26	0.46	0.08	0.46	-0.03	0.48	0.02	0.49	232.66	0.08
611	65117544	112.34		-0.02	0.08	0.07	0.46	-0.01	0.09	0.03	0.04		
612	22215115	112.01		-0.64	0.48	0.14	0.52	0.08	0.52	-0.18	0.53		
613	13213101	111.98	107.20	-0.65	0.50	0.10	0.51	-0.02	0.22	0.06	0.22	33.86	0.44
614	41409177	111.96		0.42	0.45	0.14	0.45	-0.08	0.47	-0.03	0.48		
615	37112611·	111.89	107.23	-0.67	0.52	0.02	0.53	0.04	0.54	0.08	0.55	211.11	0.48
616	37113612	111.89	107.11	-0.64	0.48	0.03	0.53	0.00	0.52	0.13	0.52	-54.22	0.44
617	22216521	111.87		0.22	0.48	0.10	0.49	-0.01	0.13	-0.05	0.14		
618	21216051	111.79	107.20	1.22	0.49	0.05	0.55	-0.03	0.51	-0.06	0.51	295.84	0.41
619	22215111	111.76		0.32	0.46	-0.04	0.52	0.10	0.53	-0.03	0.52		
620	53109205	111.76		1.52	0.55	0.07	0.66	0.00	0.66	-0.18	0.57		
621	41415194	111.65	106.77	-0.05	0.48	0.03	0.50	0.06	0.49	-0.03	0.51	-491.74	0.42
622	22214331	111.52		-1.29	0.49	0.09	0.51	0.03	0.52	0.05	0.53		
623	41117208	111.50		-0.65	0.53	0.15	0.69	-0.03	0.59		0.35		
624	65116525	111.49	106.89	-0.24	0.49	0.02	0.50	-0.02	0.50	0.15	0.52	-2.27	0.44
625	22115027	111.02		0.23	0.51	-0.01	0.56	0.03	0.57	0.04	0.58		
626	13213727	110.84	106.47	-0.79	0.47	0.05	0.49	0.12	0.19	-0.11	0.19	-70.36	0.44
627	13116505	110.82	106.59	-1.33	0.48	0.07	0.50	0.15	0.50	-0.13	0.51	206.25	0.07
628	65116516	110.80	106.74	-0.26	0.50	0.00	0.50	-0.03	0.51	0.18	0.52	578.96	0.44
629	53115336	110.77	106.54	-0.03	0.49	-0.02	0.52	0.06	0.52	0.04	0.53	167.45	0.14
630	21216215	110.67	106.50	0.78	0.46	0.00	0.48	-0.11	0.48	0.20	0.49	219.51	0.40
631	22216685	110.56		-0.62	0.47	0.08	0.50	0.02	0.51	0.01	0.52		
632	41106245·	110.45		0.25	0.03	0.05	0.06	-0.04	0.06	0.06	0.06		
633	22210039	110.31	106.18	-1.14	0.46	0.18	0.48	-0.04	0.48	0.00	0.50	-7.70	0.06
634	34113053	109.93	106.00	-1.13	0.49	0.03	0.55	0.02	0.51	0.14	0.53	90.96	0.07
635	37115675	109.90	105.99	-0.53	0.45	-0.05	0.10	0.18	0.46	-0.08	0.48	102.43	0.42

（续）

序号	牛号	CBI	TPI	体型外貌评分		7～12月龄日增重		13～18月龄日增重		19～24月龄日增重		4%乳脂率校正奶量	
				EBV	r^2	EBV	r^2	EBV	r^2	EBV	r^2	EBV	r^2
636	14116201	109.89	106.05	-1.44	0.46	0.28	0.47	-0.09	0.47	-0.05	0.48	251.64	0.06
637	13113635*	109.87		-1.56	0.49	0.15	0.50	-0.02	0.50	0.06	0.52		
638	22215113	109.85		-0.44	0.46	-0.04	0.51	0.15	0.52	-0.06	0.52		
639	41215413*	109.83	105.81	0.28	0.48	0.07	0.49	-0.07	0.50	0.08	0.52	-197.22	0.45
640	53115353	109.80		-0.26	0.49	0.01	0.50	0.10	0.50	-0.06	0.51		
641	41213042	109.76		0.71	0.43	-0.03	0.44	-0.01	0.45	0.07	0.46		
642	13109021	109.74	105.93	-1.91	0.50	0.06	0.51	0.09	0.52	0.05	0.53	187.94	0.13
643	22116067	109.65		-0.41	0.52	0.05	0.58	0.19	0.58	-0.27	0.59		
644	13110153*	109.61	105.85	-0.70	0.23	-0.02	0.53	0.00	0.54	0.20	0.55	187.94	0.13
645	22214021*	109.57		-0.20	0.20	0.15	0.52	0.06	0.53	-0.23	0.53		
646	11116911	109.51		-2.76	0.47	0.08	0.47	-0.02	0.49	0.32	0.50		
647	14116118	109.44		-1.21	0.44	0.28	0.44	-0.17	0.45	0.08	0.47		
648	15208123	109.22		-0.97	0.45	0.10	0.44	0.06	0.45	-0.08	0.48		
649	13115616	109.19	105.77	-1.30	0.50	0.11	0.51	0.06	0.51	-0.05	0.52	583.94	0.07
650	13213103	109.19	105.52	-0.28	0.50	0.06	0.51	-0.02	0.22	0.06	0.22	17.31	0.44
651	15206005*	109.14		0.63	0.43	-0.01	0.44	0.04	0.45	-0.04	0.47		
652	15213103*	109.14	105.51	-0.60	0.11	-0.05	0.52	0.02	0.48	0.21	0.49	49.58	0.01
653	37114664*	109.10	105.46	-2.50	0.44	0.07	0.45	0.23	0.46	-0.14	0.47	4.65	0.40
654	36113003	109.05	105.60	0.53	0.47	-0.01	0.48	0.01	0.49	0.03	0.50	385.04	0.42
655	22215529	108.73		-1.23	0.49	0.18	0.51	0.05	0.52	-0.14	0.53		
656	22215147	108.67	105.30	0.05	0.46	0.03	0.19	0.07	0.19	-0.10	0.19	210.24	0.41
657	65116513	108.67		-0.87	0.56	0.02	0.58	-0.07	0.58	0.26	0.58		
658	22210037	108.54	105.12	-0.77	0.46	0.25	0.48	-0.11	0.48	-0.04	0.50	-7.70	0.06
659	65111557	108.51		-1.34	0.46	-0.05	0.47	0.21	0.48	-0.05	0.49		
660	22108819	108.47		-0.32	0.45	0.09	0.46	-0.03	0.47	0.01	0.49		
661	41407125	108.46		0.21	0.43	0.26	0.44	-0.13	0.45	-0.13	0.47		
662	21212102	108.43	104.84	-1.32	0.51	0.14	0.53	0.00	0.54	0.01	0.55	-498.11	0.13
663	65116520	108.36		-1.73	0.46	0.08	0.47	0.02	0.48	0.10	0.48		

（续）

序号	牛号	CBI	TPI	体型外貌评分 EBV	r²	7~12月龄日增重 EBV	r²	13~18月龄日增重 EBV	r²	19~24月龄日增重 EBV	r²	4%乳脂率校正奶量 EBV	r²
664	37110650*	108.26	104.95	-0.27	0.50	0.00	0.53	-0.01	0.54	0.13	0.55	-13.35	0.44
665	13109018*	108.13	105.05	-1.07	0.49	0.11	0.51	0.03	0.51	-0.03	0.52	383.45	0.13
666	41409166	108.11		0.27	0.43	0.08	0.43	-0.04	0.45	-0.01	0.46		
667	13116595	107.75		-0.43	0.49	-0.04	0.59	0.23	0.58	-0.20	0.51		
668	14116045	107.65		1.73	0.51	-0.13	0.58	-0.05	0.58	0.17	0.54		
669	37110069*	107.48	104.54	0.01	0.14	0.06	0.50	0.01	0.51	-0.05	0.52	108.33	0.03
670	15210607	107.48		1.71	0.47	-0.06	0.57	0.02	0.57	-0.05	0.50		
671	15214123	107.47		-0.20	0.53	0.07	0.54	-0.01	0.54	-0.01	0.55		
672	41316224	107.43		0.39	0.49	0.07	0.50	-0.06	0.50	0.02	0.51		
673	41410148	107.42		0.30	0.49	0.22	0.51	-0.17	0.52	-0.03	0.53		
674	21216091	107.38	104.56	0.03	0.48	-0.08	0.56	0.16	0.52	-0.07	0.51	303.81	0.41
675	65111551	107.32		-1.11	0.46	-0.06	0.47	0.13	0.48	0.06	0.48		
676	62111163	107.11		1.29	0.44	0.02	0.44	-0.02	0.45	-0.08	0.47		
677	51112167	107.03		1.12	0.45	-0.18	0.45	0.05	0.46	0.16	0.48		
678	51114001	106.99	104.26	-0.66	0.46	0.22	0.49	-0.05	0.48	-0.12	0.51	150.05	0.07
679	15210426*	106.94		0.80	0.07	0.05	0.37	-0.07	0.38	0.00	0.08		
680	22214611*	106.94		-0.77	0.22	0.17	0.50	-0.10	0.52	0.05	0.53		
681	65111548	106.78		-1.66	0.44	-0.10	0.45	0.25	0.46	-0.01	0.47		
682	41407114	106.63		0.53	0.42	0.02	0.43	0.08	0.44	-0.16	0.46		
683	15208121*	106.63		-0.06	0.03	0.05	0.43	0.04	0.45	-0.09	0.46		
684	34113075	106.59	103.52	-1.41	0.50	0.11	0.51	-0.06	0.51	0.15	0.52	-963.32	0.44
685	37118417	106.56		1.48	0.51	-0.11	0.52	0.11	0.26	-0.10	0.22		
686	15214507	106.53	104.03	-2.02	0.49	0.12	0.54	0.04	0.51	0.02	0.51	251.91	0.05
687	14116128	106.52	104.25	0.59	0.47	0.09	0.52	-0.08	0.49	0.00	0.14	751.97	0.42
688	41413103	106.47		-0.29	0.52	0.09	0.53	0.03	0.54	-0.10	0.54		
689	34112867	106.40	103.82	-0.81	0.50	0.13	0.51	-0.05	0.51	0.02	0.52	-50.41	0.12
690	21115735	106.31		0.94	0.50	-0.07	0.51	0.04	0.52	-0.01	0.53		
691	65111549	106.30		-1.38	0.46	-0.06	0.48	0.15	0.48	0.05	0.49		

（续）

序号	牛号	CBI	TPI	体型外貌评分		7～12月龄日增重		13～18月龄日增重		19～24月龄日增重		4%乳脂率校正奶量	
				EBV	r²	EBV	r²	EBV	r²	EBV	r²	EBV	r²
692	22214211*	106.13	103.85	-1.13	0.16	0.06	0.51	0.01	0.51	0.07	0.52	391.69	0.17
693	37110639*	106.09	103.59	-0.68	0.52	0.05	0.55	0.02	0.55	0.03	0.56	-140.99	0.45
694	13109051	106.09	103.43	-1.97	0.50	0.14	0.51	0.06	0.52	-0.05	0.53	-498.11	0.13
695	13213127	105.98	103.73	-0.28	0.48	0.12	0.49	-0.03	0.49	-0.05	0.12	305.03	0.42
696	15113087*	105.97		1.41	0.13	-0.06	0.35	0.04	0.34	-0.08	0.13		
697	65116510	105.94		-1.17	0.43	0.07	0.47	-0.01	0.45	0.10	0.46		
698	21114729	105.52	103.29	-0.96	0.50	-0.11	0.53	0.16	0.52	0.05	0.52	-50.41	0.12
699	15210402	105.51		2.29	0.48	-0.04	0.58	-0.01	0.56	-0.13	0.51		
700	22215117	105.49		-0.33	0.48	0.11	0.51	0.07	0.52	-0.20	0.53		
701	41317054	105.46	103.37	-0.23	0.45	0.06	0.46	0.02	0.47	-0.06	0.48	200.31	0.03
702	22112003*	105.17		0.14	0.03	0.02	0.03	0.02	0.03	-0.04	0.03		
703	22210031	105.15		-1.13	0.50	0.07	0.51	0.01	0.49	0.05	0.50		
704	13116551	105.13		-1.91	0.51	0.18	0.52	0.07	0.52	-0.15	0.53		
705	15110875*	105.02		0.75	0.05	0.02	0.05	-0.03	0.05	-0.02	0.05		
706	22114053	104.93		0.17	0.55	0.01	0.59	0.02	0.59	-0.02	0.60		
707	13115628	104.93	103.22	-1.32	0.50	0.08	0.51	0.07	0.51	-0.05	0.52	583.94	0.07
708	41415196	104.76	102.89	0.29	0.47	0.08	0.47	0.00	0.48	-0.12	0.50	73.51	0.45
709	41116224	104.64		0.09	0.48	0.11	0.51	-0.06	0.19	-0.04	0.19		
710	21216183	104.58	102.82	1.14	0.46	-0.03	0.52	-0.14	0.48	0.20	0.49	163.30	0.40
711	37107619*	104.53	103.28	0.06	0.54	-0.09	0.56	0.04	0.56	0.11	0.57	1256.42	0.48
712	15210322	104.37		0.50	0.43	0.03	0.43	-0.20	0.45	0.28	0.46		
713	22214339	104.29		-0.14	0.51	-0.07	0.53	0.01	0.53	0.15	0.54		
714	15215609	104.27		-0.09	0.47	0.13	0.49	0.06	0.49	-0.25	0.50		
715	65111563	104.24		-1.76	0.53	-0.03	0.60	0.15	0.60	0.03	0.55		
716	15210826	104.17		1.06	0.49	0.03	0.46	-0.07	0.48	-0.01	0.49		
717	15410825	104.04		0.92	0.51	0.02	0.50	-0.01	0.51	-0.08	0.53		
718	41415117	104.00	102.18	-0.39	0.45	0.07	0.48	0.04	0.49	-0.11	0.49	-503.55	0.42
719	15410916	103.99		-0.46	0.48	0.08	0.50	0.01	0.52	-0.06	0.52		

（续）

序号	牛号	CBI	TPI	体型外貌评分		7~12 月龄日增重		13~18 月龄日增重		19~24 月龄日增重		4%乳脂率校正奶量	
				EBV	r^2	EBV	r^2	EBV	r^2	EBV	r^2	EBV	r^2
720	22211221	103.95	102.86	-0.53	0.08	0.05	0.18	0.04	0.18	-0.06	0.19	1091.79	0.44
721	22215123	103.91	102.54	-1.13	0.16	0.04	0.51	0.01	0.23	0.07	0.23	435.10	0.43
722	41415163	103.80	102.31	-0.68	0.49	0.09	0.49	-0.04	0.50	0.04	0.52	65.94	0.02
723	51115020	103.73	102.35	1.08	0.47	0.23	0.49	-0.24	0.49	-0.03	0.50	251.64	0.06
724	15410900	103.61		-0.67	0.48	-0.01	0.48	0.11	0.50	-0.07	0.51		
725	65105520	103.57	101.93	-1.33	0.44	0.10	0.46	0.08	0.47	-0.13	0.48	-483.81	0.06
726	22214205*	103.57	102.10	-0.40	0.21	0.05	0.50	-0.05	0.51	0.08	0.52	-97.03	0.14
727	13214235	103.52	102.09	-0.22	0.46	0.14	0.48	-0.08	0.48	-0.04	0.15	-51.17	0.42
728	62111167	103.37		0.20	0.47	0.01	0.57	-0.02	0.57	0.03	0.49		
729	41116920	103.36	101.96	1.29	0.48	0.08	0.51	-0.10	0.21	-0.07	0.21	-135.19	0.03
730	41409165	103.29		0.32	0.43	0.11	0.43	-0.02	0.45	-0.16	0.46		
731	36113001	103.20	101.98	0.35	0.43	0.01	0.45	-0.01	0.46	0.00	0.48	145.80	0.40
732	11109009	103.16		1.92	0.47	-0.25	0.43	0.24	0.45	-0.20	0.46		
733	51111132	103.14		0.72	0.44	-0.07	0.44	-0.14	0.45	0.30	0.47		
734	51115025	102.93	101.84	1.20	0.50	0.05	0.51	-0.16	0.52	0.08	0.53	167.45	0.14
735	34112841	102.90	101.51	-0.98	0.46	0.21	0.49	-0.20	0.48	0.15	0.51	-508.62	0.43
736	15110898*	102.78		0.41	0.09	0.03	0.09	-0.01	0.09	-0.04	0.09		
737	22214523*	102.72		-0.08	0.06	-0.01	0.12	-0.03	0.12	0.10	0.12		
738	22115015	102.56		1.05	0.56	0.00	0.58	-0.07	0.59	0.02	0.59		
739	22215543	102.36		-0.63	0.52	-0.02	0.54	0.03	0.54	0.08	0.55		
740	15516X02*	102.35	101.23	0.96	0.21	0.02	0.27	-0.07	0.26	0.00	0.28	-397.89	0.08
741	22215525	102.30		-0.80	0.50	0.13	0.51	0.00	0.52	-0.10	0.53		
742	65117547	102.27	101.43	-0.39	0.48	0.11	0.49	-0.09	0.50	0.04	0.14	146.23	0.08
743	15206228*	102.23		-0.01	0.42	0.09	0.43	-0.11	0.44	0.06	0.46		
744	22115017	102.21		-0.48	0.49	0.02	0.54	0.02	0.55	0.00	0.56		
745	22214513*	102.13	101.17	0.25	0.16	0.02	0.51	-0.04	0.52	0.04	0.53	-251.10	0.14
746	14117421	102.09		-1.76	0.43	0.08	0.43	0.07	0.45	-0.02	0.46		
747	65117529	101.99	101.26	-1.06	0.52	0.08	0.54	0.06	0.54	-0.10	0.27	136.79	0.18

（续）

序号	牛号	CBI	TPI	体型外貌评分		7～12 月龄日增重		13～18 月龄日增重		19～24 月龄日增重		4% 乳脂率校正奶量	
				EBV	r²	EBV	r²	EBV	r²	EBV	r²	EBV	r²
748	41316238	101.86		0.95	0.47	-0.13	0.49	0.08	0.50	-0.01	0.50		
△	41116238												
749	14111013	101.85	101.10	-0.99	0.48	-0.02	0.49	0.07	0.50	0.04	0.51	-7.70	0.06
750	62106428	101.83	100.80	0.78	0.45	-0.02	0.10	0.00	0.13	-0.04	0.49	-664.35	0.05
751	15207202*	101.69		0.18	0.01	-0.08	0.44	0.09	0.45	-0.05	0.46		
752	41415118	101.67	100.87	-0.01	0.46	0.08	0.49	0.06	0.49	-0.23	0.52	-295.48	0.44
753	15208031	101.64		-3.16	0.43	-0.03	0.45	0.29	0.46	-0.08	0.47		
754	62109041	101.56		-0.65	0.23	0.18	0.52	-0.14	0.53	0.04	0.54		
755	15205011*	101.49		-0.15	0.10	-0.05	0.15	0.07	0.12	-0.01	0.10		
756	21114730	101.44		-0.57	0.45	-0.03	0.47	0.17	0.47	-0.16	0.48		
757	15510X71*	101.42		0.10	0.02	-0.01	0.03	0.02	0.03	-0.01	0.02		
758	37108009*	101.29	100.86	-0.65	0.20	0.05	0.51	-0.02	0.52	0.04	0.53	187.94	0.13
759	22114041	101.29		-0.69	0.24	0.02	0.29	0.01	0.28	0.04	0.26		
760	34114067	100.86	100.65	-0.99	0.51	0.01	0.57	0.05	0.52	0.03	0.53	302.95	0.07
761	15208218*	100.65	100.13	-0.52	0.23	0.04	0.55	0.02	0.56	-0.05	0.57	-595.34	0.18
762	65117530	100.56	100.57	-0.30	0.50	0.08	0.51	-0.02	0.52	-0.06	0.06	517.53	0.05
763	37107624*	100.56	100.98	-0.55	0.33	0.03	0.58	-0.05	0.59	0.09	0.59	1428.16	0.49
764	36113005	100.53	100.35	-0.19	0.45	0.03	0.45	0.00	0.46	-0.01	0.48	83.72	0.03
765	51112164	100.15		0.75	0.43	-0.14	0.43	0.00	0.45	0.15	0.46		
766	22215317	100.14	99.98	-0.82	0.48	0.04	0.48	-0.06	0.49	0.13	0.51	-244.76	0.03
767	22116005	100.14		-0.69	0.53	-0.01	0.55	-0.01	0.56	0.12	0.57		
768	22115057	100.12		0.08	0.48	-0.04	0.52	0.02	0.52	0.03	0.53		
769	41116910	100.06	100.02	0.77	0.46	0.03	0.49	0.01	0.50	-0.16	0.17	-24.08	0.43
770	15510X32	99.93		1.19	0.11	0.00	0.08	-0.07	0.10	-0.02	0.12		
771	65111571	99.93	100.13	-1.32	0.51	0.05	0.54	-0.06	0.55	0.16	0.56	375.64	0.45
772	15516X06	99.76	99.72	0.67	0.51	0.02	0.54	0.07	0.54	-0.22	0.55	-297.18	0.17
773	22215301	99.68	99.79	-0.59	0.47	0.03	0.48	-0.06	0.49	0.11	0.50	-51.14	0.03
774	65112534	99.61	99.64	-0.95	0.50	0.00	0.52	-0.02	0.52	0.15	0.53	-285.64	0.45

（续）

序号	牛号	CBI	TPI	体型外貌评分		7~12月龄日增重		13~18月龄日增重		19~24月龄日增重		4%乳脂率校正奶量	
				EBV	r^2	EBV	r^2	EBV	r^2	EBV	r^2	EBV	r^2
775	15210427*	99.60		1.19	0.11	0.03	0.45	-0.13	0.47	0.05	0.50		
776	65111547	99.53		-1.20	0.45	-0.10	0.45	0.21	0.47	-0.07	0.48		
777	41112936*	99.50	99.88	-1.71	0.51	0.05	0.52	0.00	0.52	0.11	0.54	393.96	0.45
778	53110216*	99.50		-0.43	0.43	0.09	0.43	0.05	0.45	-0.20	0.46		
779	15215417	99.36	99.52	-0.82	0.45	0.18	0.48	0.03	0.49	-0.25	0.49	-212.95	0.05
780	53115339	99.35	99.72	-1.76	0.49	-0.02	0.55	0.11	0.56	0.03	0.52	251.91	0.05
781	22115079	99.32		0.47	0.50	0.03	0.55	-0.02	0.56	-0.08	0.57		
782	22115061	99.14		0.64	0.50	-0.05	0.54	0.00	0.55	0.00	0.56		
783	15208132*	99.02		-0.08	0.02	0.10	0.43	-0.02	0.45	-0.12	0.46		
784	15410824	98.88		-0.12	0.46	0.09	0.46	-0.04	0.48	-0.06	0.49		
785	37110061*	98.79	99.32	0.01	0.14	-0.01	0.50	0.00	0.51	0.00	0.52	108.33	0.03
786	22215151	98.59	99.13	-0.28	0.48	0.06	0.23	-0.05	0.23	0.00	0.23	-43.68	0.41
787	62109009	98.55		-0.47	0.50	0.18	0.51	-0.13	0.52	-0.03	0.53		
788	22208401*	98.40		-0.08	0.05	0.01	0.06	-0.02	0.06	0.01	0.05		
789	13116556	98.27		-2.18	0.51	0.18	0.52	0.08	0.53	-0.20	0.54		
790	51112158	98.17		0.81	0.45	-0.19	0.45	0.04	0.46	0.14	0.48		
791	13116554	98.02		-1.86	0.50	0.17	0.51	0.08	0.52	-0.23	0.53		
792	15410899	97.99		-0.37	0.43	0.06	0.43	-0.01	0.45	-0.06	0.46		
793	14109533	97.89		0.55	0.43	-0.15	0.45	0.09	0.46	0.01	0.48		
794	37107620*	97.77	99.22	0.34	0.54	-0.11	0.56	0.01	0.56	0.10	0.57	1256.42	0.48
795	34110079	97.63	98.36	-0.60	0.45	0.07	0.46	0.00	0.48	-0.06	0.49	-483.81	0.06
796	22214517*	97.62		-0.04	0.02	0.00	0.02	-0.02	0.02	0.02	0.02		
797	22215139	97.60		-0.69	0.48	0.13	0.52	0.04	0.53	-0.23	0.53		
798	15215422	97.39	98.49	-1.86	0.49	0.11	0.49	0.12	0.49	-0.21	0.49	118.60	0.08
799	37106310	97.35		-0.45	0.43	0.05	0.44	0.02	0.45	-0.09	0.47		
800	37108005*	97.25	98.44	-0.72	0.50	0.04	0.51	-0.04	0.52	0.06	0.53	187.94	0.13
801	37110039*	97.20	98.27	0.12	0.50	0.01	0.52	-0.11	0.52	0.13	0.54	-110.88	0.10
802	13213779	97.17	98.22	-0.59	0.43	0.05	0.44	-0.03	0.07	0.01	0.05	-176.31	0.41

（续）

序号	牛号	CBI	TPI	体型外貌评分		7～12月龄日增重		13～18月龄日增重		19～24月龄日增重		4%乳脂率校正奶量	
				EBV	r²	EBV	r²	EBV	r²	EBV	r²	EBV	r²
803	41409132	97.07	98.29	-0.24	0.47	0.07	0.50	0.04	0.51	-0.18	0.52	108.33	0.03
804	15516X08	96.98	98.06	0.46	0.51	0.01	0.54	0.07	0.54	-0.21	0.55	-297.18	0.17
805	13116566	96.98	98.38	-0.56	0.51	0.21	0.53	-0.13	0.53	-0.07	0.53	435.84	0.12
806	37107623*	96.88	98.77	-0.90	0.54	0.02	0.58	-0.03	0.59	0.09	0.59	1428.16	0.49
807	22112047*	96.73		0.37	0.26	0.02	0.26	-0.04	0.31	-0.04	0.30		
808	62107028	96.61	97.69	-0.14	0.46	0.15	0.47	-0.01	0.49	-0.24	0.51	-612.98	0.07
809	15410828	96.41		-0.21	0.43	0.07	0.43	-0.02	0.45	-0.08	0.46		
810	37113613*	96.41	97.88	-0.33	0.43	-0.03	0.43	-0.03	0.45	0.09	0.46	82.21	0.41
811	11116915	96.37		-2.07	0.56	0.11	0.58	-0.20	0.58	0.36	0.58		
812	22114009	96.33		0.62	0.56	-0.02	0.58	-0.02	0.59	-0.04	0.59		
813	13113639*	96.18		-1.51	0.49	0.21	0.50	-0.12	0.50	0.00	0.52		
814	22215127	96.18	97.89	-1.05	0.47	0.03	0.51	-0.10	0.52	0.21	0.53	396.36	0.42
815	15210411	96.09		-0.32	0.44	0.07	0.44	-0.14	0.45	0.14	0.47		
816	53110215	96.09		-0.15	0.47	0.04	0.50	0.04	0.50	-0.15	0.50		
817	65117543	96.06	97.76	-0.45	0.48	0.08	0.49	-0.09	0.50	0.04	0.49	266.63	0.08
818	15210037*	96.05	97.49	-0.03	0.47	-0.01	0.49	-0.01	0.49	0.01	0.50	-313.84	0.08
819	65115504	96.03	97.99	1.16	0.44	-0.02	0.46	-0.08	0.46	0.01	0.47	835.60	0.42
820	13109105*	95.90		-1.10	0.43	0.29	0.44	-0.08	0.46	-0.23	0.47		
821	65117548	95.81		-0.88	0.45	0.08	0.46	-0.06	0.47	0.03	0.04		
822	13209X75	95.65		0.20	0.04	0.02	0.07	-0.03	0.06	-0.04	0.04		
823	22215128	95.63		-0.68	0.51	0.12	0.55	-0.15	0.56	0.09	0.56		
824	15210407*	95.63		0.15	0.05	-0.01	0.04	-0.03	0.05	0.01	0.05		
825	22113039*	95.60		0.42	0.28	0.03	0.31	-0.05	0.31	-0.05	0.30		
826	51114002	95.46	97.34	-0.88	0.53	0.27	0.55	-0.25	0.55	0.05	0.55	138.19	0.10
827	21113726	95.38		0.29	0.14	-0.09	0.38	0.06	0.38	-0.03	0.16		
828	34113073	95.29	96.60	-1.53	0.52	0.13	0.52	-0.12	0.52	0.13	0.53	-1294.94	0.45
829	22210053	95.15	97.01	0.26	0.10	0.21	0.48	-0.16	0.49	-0.14	0.50	-176.53	0.08
830	41413142	95.10		0.64	0.52	0.01	0.58	0.01	0.58	-0.16	0.54		

（续）

序号	牛号	CBI	TPI	体型外貌评分		7~12月龄日增重		13~18月龄日增重		19~24月龄日增重		4%乳脂率校正奶量	
				EBV	r^2	EBV	r^2	EBV	r^2	EBV	r^2	EBV	r^2
831	15210622	95.07		-0.34	0.46	0.06	0.46	-0.01	0.47	-0.09	0.49		
832	13116593	94.91		-0.39	0.48	-0.02	0.58	0.15	0.58	-0.23	0.50		
833	22216651	94.87		-0.39	0.22	-0.01	0.26	-0.01	0.26	0.02	0.26		
834	11109005	94.87		1.19	0.44	-0.23	0.46	0.16	0.47	-0.09	0.48		
835	62111160	94.79		-0.73	0.44	0.03	0.45	0.07	0.46	-0.13	0.48		
836	22115013	94.68		-0.55	0.51	-0.01	0.55	0.07	0.56	-0.10	0.56		
837	15410862	94.53		-0.54	0.43	0.08	0.43	-0.02	0.45	-0.08	0.46		
838	37108003*	94.46	96.76	-0.74	0.50	0.04	0.51	-0.04	0.52	0.04	0.53	187.94	0.13
839	37110071*	94.24	96.65	-1.09	0.46	0.01	0.47	0.04	0.48	-0.03	0.49	232.81	0.02
840	41413186	93.99		0.41	0.45	-0.09	0.44	0.02	0.46	0.01	0.47		
841	41213048	93.82		0.32	0.43	-0.12	0.43	0.00	0.45	0.09	0.46		
842	21113725	93.82	96.68	0.32	0.47	0.03	0.48	-0.04	0.48	-0.08	0.50	861.18	0.42
843	15215412	93.77	96.42	-2.08	0.51	0.13	0.56	0.06	0.53	-0.15	0.52	351.07	0.07
844	22212901	93.65		0.01	0.51	0.02	0.26	-0.01	0.54	-0.07	0.55		
845	15210430*	93.48		-0.33	0.01	0.05	0.43	-0.07	0.45	0.01	0.47		
846	51115019	93.45	95.83	0.01	0.55	0.09	0.57	-0.12	0.57	-0.01	0.58	-548.93	0.27
847	22115031	93.40		0.50	0.53	0.01	0.58	-0.03	0.58	-0.07	0.59		
848	13115606	93.34	96.27	-1.69	0.50	0.05	0.51	0.01	0.51	0.02	0.52	583.94	0.07
849	21114731	93.34	96.26	-0.09	0.48	-0.02	0.52	0.03	0.52	-0.08	0.51	562.60	0.10
850	37109015*	93.27	96.05	-0.65	0.20	-0.08	0.51	-0.02	0.52	0.18	0.53	187.94	0.13
851	15410827	93.18		-0.16	0.44	0.05	0.44	-0.03	0.45	-0.07	0.47		
852	36109927	93.16		0.52	0.43	0.02	0.43	-0.14	0.44	0.10	0.46		
853	13116555	93.02		-2.00	0.49	0.19	0.50	0.05	0.50	-0.24	0.52		
854	22114013	92.85		0.26	0.51	-0.06	0.56	-0.02	0.56	0.03	0.56		
855	22213218*	92.74	95.56	-1.06	0.16	0.12	0.50	0.01	0.50	-0.16	0.51	-184.20	0.41
856	15210408	92.70		-0.79	0.43	0.07	0.43	-0.20	0.45	0.25	0.46		
857	41117224	92.70		-0.46	0.49	0.17	0.56	0.00	0.56	-0.29	0.56		
858	65112522	92.70	95.62	-0.89	0.50	-0.02	0.51	-0.06	0.51	0.16	0.52	3.47	0.44

（续）

序号	牛号	CBI	TPI	体型外貌评分		7～12月龄日增重		13～18月龄日增重		19～24月龄日增重		4%乳脂率校正奶量	
				EBV	r²	EBV	r²	EBV	r²	EBV	r²	EBV	r²
859	36108781	92.64		-0.31	0.43	-0.01	0.43	-0.12	0.44	0.19	0.46		
860	42113076	92.60		-0.35	0.56	-0.17	0.56	0.22	0.55	-0.15	0.56		
861	13214145	92.58	95.34	-0.50	0.43	0.04	0.44	-0.10	0.45	0.10	0.46	-467.08	0.41
862	15110881*	92.52		0.45	0.16	-0.11	0.39	0.09	0.35	-0.10	0.18		
863	53112278	92.41		0.61	0.47	-0.03	0.50	0.06	0.50	-0.19	0.50		
864	34112547	92.38	95.31	-1.07	0.47	0.15	0.48	-0.13	0.49	0.02	0.50	-265.05	0.43
865	41116902	92.23	95.33	0.63	0.46	0.00	0.48	0.08	0.48	-0.29	0.51	-21.45	0.07
866	34112467	92.20	94.99	0.32	0.43	0.19	0.43	-0.22	0.45	-0.04	0.46	-743.80	0.41
867	15205072*	92.16		-1.47	0.42	0.06	0.43	0.05	0.44	-0.09	0.45		
868	34114135	92.07	95.36	-1.05	0.51	0.17	0.57	-0.09	0.53	-0.08	0.53	271.12	0.07
869	51113188	92.01		0.42	0.45	-0.04	0.45	0.02	0.46	-0.08	0.48		
870	22115071	92.01		0.00	0.52	-0.03	0.56	0.05	0.57	-0.11	0.57		
871	37113615	91.88	95.20	-0.77	0.49	-0.02	0.51	-0.05	0.52	0.14	0.53	167.45	0.14
872	15410893	91.83		-0.44	0.47	0.04	0.46	0.00	0.48	-0.10	0.49		
873	15210031*	91.79	95.01	0.00	0.48	-0.04	0.49	-0.02	0.50	0.01	0.51	-146.69	0.12
874	21113727	91.63		1.42	0.13	-0.08	0.36	0.01	0.35	-0.13	0.13		
875	22215125	91.41	94.85	-0.57	0.46	0.00	0.50	-0.07	0.51	0.10	0.52	12.75	0.42
876	15410857	91.37		-0.33	0.44	0.03	0.44	-0.01	0.45	-0.07	0.47		
877	34110083	91.35	94.84	-0.99	0.44	-0.02	0.45	0.01	0.47	0.04	0.49	57.75	0.02
878	37110055	91.31	94.76	-0.93	0.52	-0.19	0.56	0.16	0.56	0.06	0.57	-52.48	0.46
879	37110045*	91.28	94.72	-0.45	0.49	0.01	0.52	-0.02	0.53	0.00	0.54	-110.88	0.10
880	62109043	91.27		-0.80	0.07	0.06	0.14	-0.01	0.14	-0.07	0.14		
881	15209915	91.23	94.79	-1.70	0.47	0.09	0.50	-0.03	0.51	0.01	0.52	108.33	0.03
882	37109011*	91.21	94.81	-0.65	0.20	0.06	0.51	-0.06	0.52	0.01	0.53	187.94	0.13
883	37110633*	91.11	94.59	-0.93	0.50	0.00	0.56	-0.01	0.55	0.05	0.56	-182.52	0.18
884	22212933	90.98		0.14	0.44	0.00	0.05	-0.02	0.46	-0.05	0.48		
885	65115505	90.97		-0.22	0.44	0.02	0.44	0.05	0.46	-0.18	0.47		
886	22114027	90.91		0.04	0.52	-0.01	0.55	-0.04	0.56	-0.01	0.56		

（续）

序号	牛号	CBI	TPI	体型外貌评分		7～12月龄日增重		13～18月龄日增重		19～24月龄日增重		4%乳脂率校正奶量	
				EBV	r^2	EBV	r^2	EBV	r^2	EBV	r^2	EBV	r^2
887	36111529	90.91		0.72	0.45	-0.07	0.46	0.00	0.46	-0.04	0.48		
888	22115077	90.87		0.30	0.48	-0.03	0.50	-0.04	0.51	-0.01	0.53		
889	11109006	90.69		1.77	0.47	-0.21	0.50	0.09	0.45	-0.10	0.46		
890	15509X02	90.63		-0.23	0.05	-0.01	0.05	0.00	0.06	-0.05	0.05		
891	13116567	90.49	94.46	-1.06	0.50	0.17	0.51	-0.14	0.51	-0.01	0.53	383.45	0.13
892	22210057	90.43	94.17	0.66	0.11	0.14	0.49	-0.13	0.50	-0.17	0.52	-193.85	0.10
893	15210324	90.34		0.35	0.48	0.04	0.48	-0.09	0.45	-0.03	0.47		
894	11116931	90.12		0.13	0.46	-0.10	0.14	0.01	0.14	0.04	0.06		
895	53113289	89.78	94.12	0.22	0.48	-0.04	0.49	0.03	0.50	-0.11	0.51	562.60	0.10
896	14117309	89.73	93.96	-1.38	0.50	0.12	0.55	-0.05	0.52	-0.04	0.53	276.29	0.41
897	22117009	89.47		0.32	0.48	0.01	0.54	-0.03	0.54	-0.10	0.55		
898	13213117	89.44	93.58	-0.01	0.47	0.04	0.49	0.01	0.50	-0.17	0.51	-185.81	0.44
899	37106309˙	89.43		-0.54	0.43	0.02	0.44	0.02	0.45	-0.11	0.47		
900	15205151˙	89.34		0.55	0.05	0.10	0.45	-0.15	0.46	-0.07	0.47		
901	22215303	89.30	93.57	-0.91	0.46	0.01	0.47	-0.06	0.48	0.09	0.50	-30.19	0.01
902	41413144	89.20		-1.55	0.51	0.05	0.58	0.07	0.58	-0.14	0.53		
903	51115017	89.12	93.56	1.41	0.48	0.15	0.50	-0.27	0.50	-0.03	0.51	193.41	0.07
904	53210118	89.04		-0.27	0.44	-0.10	0.44	0.02	0.45	0.04	0.03		
905	13115602	88.91		-2.32	0.45	0.05	0.48	0.04	0.49	0.01	0.49		
906	22208145˙	88.90		0.02	0.44	0.02	0.02	-0.02	0.46	-0.11	0.48		
907	22210227˙	88.83	93.23	-0.99	0.16	0.13	0.48	-0.22	0.49	0.18	0.50	-146.69	0.12
908	11116912	88.82		-2.07	0.56	-0.01	0.58	-0.14	0.58	0.39	0.58		
909	11116916	88.78		-2.06	0.56	0.06	0.58	-0.19	0.58	0.36	0.58		
910	22214231˙	88.69	93.44	-0.37	0.16	0.03	0.47	0.04	0.49	-0.18	0.50	498.74	0.15
911	22215119	88.66		-0.13	0.48	-0.05	0.53	-0.10	0.53	0.16	0.54		
912	13115636	88.65		-3.56	0.47	0.06	0.50	0.17	0.51	-0.10	0.51		
913	13213759	88.61	93.23	-1.04	0.46	0.06	0.47	0.01	0.13	-0.09	0.13	142.38	0.43
914	22116023	88.52		0.79	0.56	0.02	0.58	-0.12	0.59	-0.03	0.59		

（续）

序号	牛号	CBI	TPI	体型外貌评分		7～12月龄日增重		13～18月龄日增重		19～24月龄日增重		4%乳脂率校正奶量	
				EBV	r²	EBV	r²	EBV	r²	EBV	r²	EBV	r²
915	13109045	88.48	92.86	-1.97	0.50	0.04	0.51	-0.01	0.52	0.07	0.53	-498.11	0.13
916	65112545	88.43	92.96	-0.97	0.49	0.00	0.50	-0.11	0.51	0.20	0.52	-215.58	0.45
917	62108039	88.39	93.15	-0.80	0.07	0.03	0.47	-0.03	0.48	-0.02	0.50	257.17	0.05
918	37109013˙	88.33	93.08	-1.21	0.50	0.07	0.51	-0.06	0.52	0.02	0.53	187.94	0.13
919	62111172	88.26		0.13	0.49	-0.04	0.62	-0.01	0.60	-0.03	0.51		
920	41413143	87.98		0.22	0.51	-0.01	0.69	0.01	0.58	-0.14	0.53		
921	22216613	87.85		-0.26	0.49	0.07	0.51	-0.04	0.52	-0.12	0.53		
922	14116320	87.72		1.55	0.53	-0.13	0.59	-0.12	0.57	0.12	0.55		
923	15410858	87.62		-0.70	0.44	0.06	0.46	-0.05	0.46	-0.05	0.47		
924	22210247	87.60	92.56	-0.39	0.46	0.01	0.48	-0.10	0.48	0.08	0.50	-7.70	0.06
925	15408692	87.54		-0.14	0.45	0.03	0.46	-0.32	0.47	0.42	0.49		
926	22214531˙	87.51		0.08	0.20	-0.03	0.28	-0.06	0.28	0.03	0.28		
927	13214933	87.40	92.26	-0.56	0.45	0.09	0.47	-0.09	0.48	-0.04	0.12	-391.79	0.41
928	36111513	87.22		-0.44	0.43	-0.01	0.43	-0.07	0.44	0.06	0.46		
929	21114732	87.11		-0.48	0.49	0.10	0.51	-0.10	0.51	-0.06	0.51		
930	13116511˙	86.99		-1.84	0.43	0.11	0.45	0.10	0.45	-0.27	0.46		
931	37110053	86.94	92.16	-0.05	0.52	0.02	0.56	-0.08	0.56	-0.02	0.56	-3.65	0.17
932	14116039	86.90		1.35	0.49	-0.07	0.57	-0.20	0.56	0.19	0.51		
933	11114707	86.86	92.05	0.02	0.44	-0.15	0.45	-0.01	0.46	0.13	0.47	-147.90	0.42
934	15113085˙	86.70		-0.11	0.24	-0.05	0.37	0.03	0.36	-0.09	0.24		
935	41117228	86.60		-0.73	0.47	-0.24	0.47	0.14	0.48	0.10	0.50		
936	37107605˙	86.49	91.93	-0.32	0.53	-0.03	0.56	-0.03	0.56	0.01	0.57	88.32	0.46
937	62107503	86.49	91.92	-0.77	0.10	-0.04	0.47	0.01	0.48	0.01	0.49	54.05	0.01
938	53114302	86.19		0.38	0.47	-0.10	0.49	0.04	0.50	-0.08	0.51		
△	22114003												
939	22213101	86.06	91.52	-0.50	0.49	-0.12	0.49	0.01	0.51	0.11	0.51	-249.06	0.03
940	22215145	86.05		-0.38	0.48	0.04	0.52	0.05	0.53	-0.24	0.53		
941	34112461	86.01	91.46	-0.30	0.49	0.20	0.50	-0.20	0.50	-0.07	0.51	-319.66	0.43

（续）

序号	牛号	CBI	TPI	体型外貌评分		7~12 月龄日增重		13~18 月龄日增重		19~24 月龄日增重		4%乳脂率校正奶量	
				EBV	r²	EBV	r²	EBV	r²	EBV	r²	EBV	r²
942	37109017*	85.99	91.68	-1.20	0.50	0.06	0.51	-0.06	0.52	0.00	0.53	187.94	0.13
943	11116910	85.96		-2.35	0.56	-0.02	0.58	-0.12	0.58	0.37	0.58		
944	21114728	85.58		-0.13	0.47	-0.09	0.52	0.07	0.53	-0.10	0.52		
945	51114015	85.54	91.43	-0.68	0.48	0.19	0.50	-0.24	0.49	0.05	0.50	230.10	0.04
946	34114079	85.29	91.26	-1.08	0.49	0.06	0.55	-0.04	0.51	-0.05	0.52	193.41	0.07
947	22216675	85.26		-0.04	0.11	-0.01	0.13	-0.08	0.12	0.02	0.12		
948	15516X04	85.22	91.11	0.04	0.45	0.01	0.47	0.07	0.48	-0.28	0.49	-61.98	0.08
949	65112525	84.99	90.86	-1.38	0.50	-0.03	0.51	-0.05	0.52	0.16	0.53	-300.52	0.44
950	36110817	84.97	90.94	0.77	0.47	-0.18	0.47	-0.04	0.48	0.13	0.12	-86.36	0.06
951	51115024	84.96	91.08	-0.28	0.50	-0.12	0.56	0.12	0.53	-0.12	0.23	231.04	0.07
952	37110635*	84.90	90.98	-0.25	0.20	-0.05	0.54	0.05	0.54	-0.12	0.55	80.08	0.44
953	36110002	84.82		1.11	0.43	-0.08	0.43	0.06	0.44	-0.25	0.46		
954	65105523	84.76	90.56	-1.63	0.45	0.12	0.48	0.04	0.49	-0.23	0.50	-664.35	0.05
955	65112589	84.69	91.01	-1.57	0.51	-0.06	0.53	0.15	0.53	-0.13	0.55	435.27	0.47
956	51115018	84.39	90.73	0.61	0.54	0.07	0.56	-0.17	0.56	-0.04	0.58	213.18	0.26
957	53213148	84.35	90.55	-0.11	0.49	0.05	0.50	-0.18	0.51	0.11	0.52	-130.50	0.05
958	13116513	84.32	90.71	-2.72	0.50	0.13	0.51	0.08	0.51	-0.19	0.52	251.91	0.05
959	62111165	84.29		0.17	0.48	0.02	0.57	-0.04	0.57	-0.14	0.50		
960	65116506	84.21	90.55	-0.62	0.48	0.00	0.50	0.01	0.50	-0.09	0.51	47.10	0.43
961	61112101	84.10		-0.61	0.05	-0.09	0.05	-0.01	0.05	0.08	0.05		
962	22216627	83.88		0.37	0.14	-0.07	0.16	-0.01	0.13	-0.05	0.14		
963	41415113	83.79	90.18	-0.40	0.47	-0.04	0.48	0.02	0.50	-0.07	0.51	-223.62	0.44
964	15410886	83.76		0.41	0.49	-0.03	0.59	0.00	0.60	-0.15	0.52		
965	15205073*	83.57		0.15	0.41	0.03	0.43	-0.17	0.44	0.07	0.45		
966	13114694	83.42		-1.83	0.46	0.00	0.47	0.03	0.48	-0.01	0.50		
967	53112284	83.26		0.33	0.47	-0.03	0.49	-0.04	0.50	-0.07	0.50		
968	37107601*	83.14	89.92	-0.60	0.53	-0.05	0.56	-0.04	0.56	0.05	0.57	88.32	0.46
969	41112948*	83.10	89.97	-2.67	0.50	0.06	0.51	0.04	0.52	-0.03	0.53	248.27	0.45

（续）

序号	牛号	CBI	TPI	体型外貌评分		7～12月龄日增重		13～18月龄日增重		19～24月龄日增重		4%乳脂率校正奶量	
				EBV	r²	EBV	r²	EBV	r²	EBV	r²	EBV	r²
970	11116929	83.07		-0.46	0.54	-0.08	0.40	-0.10	0.59	0.19	0.56		
971	14116036	83.05		0.56	0.51	-0.14	0.54	-0.12	0.54	0.22	0.52		
972	13116597	82.96		-0.99	0.46	-0.02	0.57	0.14	0.58	-0.26	0.49		
973	22214229*	82.60	89.76	-1.54	0.19	0.04	0.51	-0.05	0.52	0.03	0.53	454.98	0.16
974	65116521	82.48	89.57	-1.11	0.51	0.00	0.52	-0.02	0.51	-0.01	0.52	170.34	0.44
975	65111579	82.42	89.64	-1.90	0.53	0.05	0.57	-0.06	0.57	0.09	0.58	408.42	0.46
976	37107625*	82.19	89.95	-0.55	0.33	-0.02	0.58	-0.09	0.59	0.07	0.59	1428.16	0.49
977	62111166	82.16		0.40	0.54	0.02	0.65	-0.03	0.65	-0.20	0.56		
978	22216647	82.13		-0.83	0.47	0.05	0.49	0.05	0.50	-0.25	0.51		
979	65111569	82.10	89.61	-0.85	0.52	0.04	0.57	-0.08	0.58	-0.01	0.59	777.80	0.46
980	51115023	81.88	89.22	-0.09	0.21	-0.04	0.58	-0.02	0.53	-0.07	0.22	206.25	0.07
981	22215511	81.87		-0.97	0.49	0.01	0.51	-0.01	0.52	-0.06	0.53		
982	11116926	81.80		-1.39	0.53	-0.04	0.35	-0.02	0.57	0.08	0.54		
983	53210115	81.71	89.02	-1.74	0.47	0.14	0.48	-0.15	0.49	0.07	0.13	-16.87	0.09
984	11116932	81.66		-0.58	0.46	-0.10	0.14	0.01	0.14	0.04	0.06		
985	15210041	81.57	89.08	-0.51	0.44	-0.05	0.44	-0.05	0.45	0.00	0.47	304.14	0.02
986	65111568	81.30	89.13	-1.13	0.52	0.03	0.57	-0.07	0.58	0.02	0.59	777.80	0.46
987	15113088*	81.20		0.74	0.18	-0.22	0.36	0.11	0.36	-0.09	0.19		
988	37109027	81.17	88.79	-1.06	0.50	-0.01	0.51	-0.08	0.52	0.11	0.53	187.94	0.13
989	13112615	81.07		-1.95	0.48	-0.01	0.50	0.08	0.51	-0.08	0.52		
990	34112427	81.03	88.29	-1.68	0.48	0.23	0.48	-0.31	0.48	0.19	0.49	-737.59	0.43
991	37108409*	80.97	88.40	-1.28	0.45	-0.01	0.46	-0.06	0.47	0.08	0.49	-405.97	0.41
992	13113661	80.65		-1.58	0.47	-0.06	0.49	0.19	0.50	-0.24	0.51		
993	37110653*	80.56	88.34	-0.58	0.49	-0.04	0.53	-0.04	0.54	0.01	0.55	16.87	0.11
994	15410849	80.45		-1.01	0.46	0.04	0.46	-0.03	0.48	-0.08	0.49		
995	34114175	80.38	88.33	-1.74	0.48	0.11	0.55	-0.06	0.51	-0.07	0.50	230.10	0.04
996	15110821*	80.19		-0.69	0.10	0.02	0.11	-0.05	0.12	-0.05	0.12		
997	15210406*	80.19		-0.69	0.10	0.02	0.11	-0.05	0.12	-0.05	0.12		

（续）

序号	牛号	CBI	TPI	体型外貌评分		7~12月龄日增重		13~18月龄日增重		19~24月龄日增重		4%乳脂率校正奶量	
				EBV	r^2	EBV	r^2	EBV	r^2	EBV	r^2	EBV	r^2
998	62111169	80.19		-0.15	0.46	-0.04	0.56	-0.08	0.52	0.03	0.48		
999	15414006	80.01		-1.37	0.49	0.07	0.57	-0.01	0.56	-0.12	0.51		
1000	13110123	79.94	87.74	-1.46	0.50	0.03	0.51	-0.06	0.52	0.03	0.53	-498.11	0.13
1001	53115335	79.86	88.02	-2.54	0.52	-0.09	0.54	0.12	0.54	0.04	0.54	224.52	0.08
1002	13214809	79.84	87.65	-0.47	0.43	0.02	0.44	-0.10	0.45	0.01	0.05	-565.17	0.41
1003	13213119	79.77	87.98	-1.41	0.46	0.03	0.47	0.01	0.13	-0.09	0.13	267.79	0.43
1004	22116025	79.67		0.54	0.52	0.03	0.53	-0.17	0.54	-0.01	0.55		
1005	41413189	79.62		-0.73	0.44	0.04	0.44	0.01	0.46	-0.18	0.47		
1006	53212134	79.56		0.32	0.44	-0.24	0.44	0.00	0.45	0.17	0.46		
1007	62111061	79.50		-1.92	0.46	-0.14	0.46	0.11	0.50	0.06	0.51		
1008	65112514	79.42	87.56	-1.18	0.50	-0.05	0.51	-0.08	0.51	0.15	0.52	-203.68	0.44
1009	37110647*	79.37	87.66	-0.25	0.20	-0.06	0.54	0.05	0.54	-0.15	0.55	80.08	0.44
1010	65112588	79.34	87.80	-1.50	0.51	-0.09	0.53	0.14	0.53	-0.13	0.55	435.27	0.47
1011	37110051*	79.30	87.62	-0.25	0.20	-0.05	0.54	-0.06	0.54	0.02	0.55	80.08	0.44
1012	53112279	79.14		0.25	0.47	-0.04	0.48	-0.03	0.49	-0.12	0.50		
1013	11116930	79.06		-0.24	0.52	0.00	0.59	-0.13	0.59	0.06	0.54		
1014	15113089*	79.03		0.38	0.12	-0.15	0.35	0.01	0.33	-0.03	0.12		
1015	41415158	78.87	87.48	-1.20	0.46	0.02	0.47	0.02	0.48	-0.13	0.49	353.45	0.04
1016	11111905	78.81		1.54	0.45	-0.24	0.57	0.04	0.57	-0.04	0.49		
1017	65112584	78.58	86.98	-0.28	0.48	-0.05	0.49	-0.09	0.50	0.07	0.51	-373.27	0.44
1018	51113185	78.44		0.86	0.44	-0.05	0.44	0.02	0.45	-0.25	0.47		
1019	37109023*	78.32	87.07	-1.10	0.50	-0.01	0.51	-0.06	0.52	0.04	0.53	187.94	0.13
1020	13109065	78.15	86.67	-1.51	0.50	0.19	0.51	-0.21	0.52	0.01	0.53	-498.11	0.13
1021	13116591	78.15		-0.18	0.50	-0.01	0.59	0.11	0.57	-0.36	0.53		
1022	41413188	78.11		-0.58	0.52	0.01	0.58	-0.01	0.58	-0.16	0.54		
1023	21115760	77.90	86.83	-0.95	0.48	-0.06	0.50	0.14	0.50	-0.25	0.50	206.25	0.07
1024	14116321	77.85		0.96	0.48	-0.05	0.49	-0.28	0.50	0.25	0.51		
1025	42113096*	77.49		0.90	0.71	-0.22	0.76	0.01	0.76	0.02	0.73		

（续）

序号	牛号	CBI	TPI	体型外貌评分		7～12 月龄日增重		13～18 月龄日增重		19～24 月龄日增重		4%乳脂率校正奶量	
				EBV	r²	EBV	r²	EBV	r²	EBV	r²	EBV	r²
1026	37110631	77.25	86.26	-0.35	0.53	-0.02	0.56	-0.14	0.56	0.10	0.57	-196.96	0.44
1027	37105304*	77.19	86.18	-0.24	0.03	-0.05	0.45	0.03	0.46	-0.15	0.46	-306.49	0.02
1028	22115069	77.18		-0.42	0.50	-0.06	0.51	-0.03	0.52	-0.02	0.53		
1029	14117325	77.17	86.53	-2.76	0.47	0.01	0.47	0.07	0.48	-0.04	0.49	504.41	0.38
1030	22214235*	77.16	86.39	-0.67	0.16	0.02	0.51	-0.03	0.52	-0.13	0.53	213.93	0.13
1031	15205143*	77.11		0.03	0.01	0.01	0.43	-0.11	0.44	-0.04	0.45		
1032	34112519	76.77	85.73	-1.65	0.50	0.01	0.51	-0.05	0.52	0.05	0.53	-751.52	0.45
1033	11111903	76.76		1.84	0.47	-0.37	0.57	0.21	0.57	-0.19	0.50		
1034	22215149	76.74	86.02	-0.67	0.16	0.01	0.51	0.00	0.52	-0.15	0.53	-50.27	0.40
1035	63106073*	76.64	85.69	-0.84	0.10	-0.02	0.10	0.00	0.13	-0.10	0.13	-664.35	0.05
1036	22216117	76.62		-0.82	0.47	0.10	0.47	-0.04	0.48	-0.23	0.50		
1037	34114143	76.62	86.09	-2.06	0.50	0.11	0.55	-0.08	0.51	-0.04	0.52	251.91	0.05
1038	43110056	76.57	85.94	-1.70	0.50	-0.03	0.51	-0.02	0.52	0.07	0.52	-0.47	0.12
1039	53112280	76.50		-0.84	0.44	-0.03	0.44	0.05	0.45	-0.18	0.47		
1040	36109906	76.45	86.19	-1.24	0.43	0.11	0.43	-0.27	0.44	0.22	0.46	720.91	0.32
1041	41413193	76.35		0.74	0.52	-0.09	0.60	-0.09	0.60	0.00	0.54		
1042	22216631	76.28		-1.40	0.49	-0.04	0.50	-0.05	0.20	0.08	0.19		
1043	53212133	76.25		-1.50	0.44	-0.30	0.44	0.10	0.45	0.26	0.47		
1044	22115063*	76.06		0.12	0.25	-0.02	0.27	-0.11	0.27	-0.02	0.26		
1045	22215129	75.50	85.14	0.21	0.46	0.00	0.51	-0.10	0.52	-0.09	0.53	-362.02	0.42
1046	51113183	75.37		0.31	0.44	0.00	0.44	-0.12	0.45	-0.06	0.47		
1047	22308025	75.18		-0.96	0.43	-0.10	0.43	0.05	0.45	-0.06	0.46		
1048	42113098	75.07		1.48	0.74	-0.21	0.77	-0.09	0.72	0.10	0.70		
1049	22210013*	74.95	84.98	-0.77	0.18	-0.06	0.24	-0.01	0.23	-0.03	0.23	25.45	0.11
1050	62107601	74.66	84.82	-0.77	0.10	-0.02	0.47	-0.13	0.48	0.10	0.49	54.05	0.01
1051	13114685	74.49		-2.15	0.47	-0.01	0.49	0.00	0.50	0.01	0.51		
1052	37110043*	74.41	84.41	-0.64	0.25	-0.05	0.55	-0.12	0.55	0.12	0.56	-517.83	0.43
1053	36108798	74.15		1.13	0.43	-0.19	0.43	-0.03	0.44	-0.01	0.46		

（续）

序号	牛号	CBI	TPI	体型外貌评分		7～12月龄日增重		13～18月龄日增重		19～24月龄日增重		4%乳脂率校正奶量	
				EBV	r^2	EBV	r^2	EBV	r^2	EBV	r^2	EBV	r^2
1054	63109267	74.03	84.49	1.07	0.50	-0.29	0.52	0.06	0.53	-0.01	0.55	171.16	0.14
1055	53113285	73.92	84.61	-1.09	0.48	-0.01	0.49	0.02	0.50	-0.15	0.51	562.60	0.10
1056	34112825	73.76	84.02	-1.15	0.46	0.13	0.47	-0.31	0.48	0.20	0.49	-524.56	0.42
1057	22210047*	73.64	84.19	-0.49	0.14	-0.09	0.19	0.00	0.18	-0.05	0.18	16.87	0.11
1058	22210049*	73.64	84.19	-0.49	0.14	-0.09	0.19	0.00	0.18	-0.05	0.18	16.87	0.11
1059	11111902	73.62		1.89	0.47	-0.37	0.56	0.18	0.56	-0.17	0.50		
1060	34114157	73.53	84.23	-2.05	0.50	0.13	0.55	-0.09	0.51	-0.07	0.52	251.91	0.05
1061	21211106	73.30	83.84	-0.91	0.47	-0.13	0.48	0.00	0.49	0.07	0.50	-304.88	0.42
1062	51115026	72.28	83.42	-0.55	0.48	0.06	0.50	-0.19	0.51	0.03	0.52	108.33	0.03
1063	37110640*	72.23	83.29	-0.03	0.26	-0.05	0.54	-0.12	0.55	0.02	0.56	-110.88	0.10
1064	51114004	72.10	83.33	-3.84	0.46	0.26	0.49	-0.15	0.48	0.00	0.51	150.05	0.07
1065	65112527	71.99	83.01	-0.41	0.48	-0.08	0.49	-0.13	0.50	0.14	0.51	-411.99	0.44
1066	34114113	71.84	82.61	-1.65	0.50	0.17	0.51	-0.22	0.51	0.02	0.52	-1101.99	0.43
1067	21114750	71.72	83.14	-1.62	0.49	0.15	0.51	-0.23	0.51	0.07	0.52	251.91	0.05
1068	65115503	71.56	83.28	0.07	0.46	-0.02	0.46	-0.10	0.48	-0.07	0.49	763.45	0.42
1069	14116504	71.45		-1.58	0.44	0.05	0.44	-0.05	0.45	-0.08	0.47		
1070	65111572	71.45	82.93	-1.89	0.51	0.03	0.56	-0.03	0.57	-0.05	0.58	127.21	0.45
1071	37110638	71.45	82.82	-0.17	0.51	-0.07	0.54	-0.13	0.55	0.09	0.56	-110.88	0.10
1072	37110652*	71.38	82.83	-0.28	0.19	-0.04	0.51	-0.04	0.52	-0.11	0.53	16.87	0.11
1073	53212144	71.29	82.98	-1.22	0.50	0.06	0.56	-0.19	0.52	0.09	0.53	452.14	0.15
1074	62108035	71.09		-0.34	0.44	0.03	0.45	-0.12	0.46	-0.07	0.48		
1075	22308019	70.94		-1.43	0.43	-0.01	0.43	-0.03	0.45	-0.05	0.46		
1076	34114111	70.79	81.83	-1.77	0.52	0.15	0.52	-0.19	0.52	0.00	0.53	-1433.61	0.45
1077	22215311	70.70		-0.69	0.46	0.00	0.46	-0.11	0.48	-0.01	0.49		
1078	65111558	70.31		-1.02	0.48	-0.12	0.74	0.05	0.57	-0.06	0.50		
1079	34112861	70.14	81.79	-0.55	0.43	0.12	0.43	-0.28	0.45	0.05	0.46	-655.52	0.41
1080	22216609	70.03		-1.67	0.51	0.17	0.53	-0.05	0.54	-0.28	0.55		
1081	42113095	69.82		0.71	0.71	-0.25	0.75	0.02	0.75	0.01	0.68		

（续）

序号	牛号	CBI	TPI	体型外貌评分		7~12 月龄日增重		13~18 月龄日增重		19~24 月龄日增重		4%乳脂率校正奶量	
				EBV	r^2	EBV	r^2	EBV	r^2	EBV	r^2	EBV	r^2
1082	13115620	69.82		-2.66	0.45	-0.01	0.46	0.00	0.47	0.03	0.48		
1083	65116507	69.08	81.49	-0.73	0.52	-0.02	0.53	-0.03	0.54	-0.12	0.53	94.28	0.45
1084	11109004	68.98		1.30	0.44	-0.33	0.45	0.13	0.46	-0.13	0.47		
1085	22308015	68.81		-1.49	0.43	-0.04	0.43	-0.01	0.45	-0.05	0.46		
1086	14116418	68.50		1.32	0.45	-0.34	0.48	-0.08	0.48	0.25	0.48		
1087	22216655	68.39		-1.56	0.47	-0.07	0.49	0.02	0.17	-0.06	0.16		
1088	11110687	68.29	80.75	1.21	0.45	-0.10	0.48	-0.07	0.49	-0.14	0.50	-493.83	0.40
1089	22214203*	68.09	80.85	-1.39	0.18	0.00	0.26	-0.06	0.23	-0.05	0.23	-3.09	0.18
1090	42111161*	67.98		-1.27	0.43	-0.14	0.43	-0.01	0.45	0.09	0.46		
1091	53111249*	67.89		-1.03	0.46	-0.23	0.47	0.21	0.47	-0.18	0.49		
1092	65116508	67.87	80.73	-0.86	0.47	-0.01	0.49	-0.14	0.49	0.04	0.50	21.83	0.43
1093	22213001	67.76		0.74	0.54	-0.15	0.63	-0.02	0.54	-0.11	0.55		
1094	65111567	67.31	80.73	-1.25	0.52	0.00	0.57	-0.06	0.58	-0.08	0.59	777.80	0.46
1095	37109021*	67.24	80.43	-0.65	0.20	-0.15	0.51	-0.11	0.52	0.19	0.53	187.94	0.13
1096	37105303*	67.20	80.19	-0.24	0.03	-0.09	0.45	-0.01	0.46	-0.12	0.46	-306.49	0.02
1097	22116019	66.94		0.08	0.52	0.03	0.56	-0.25	0.57	0.06	0.34		
1098	22215133	66.91	80.16	-1.39	0.18	0.00	0.51	-0.06	0.23	-0.05	0.23	36.97	0.43
1099	37410002	66.81		-1.90	0.46	0.02	0.46	-0.01	0.48	-0.12	0.49		
1100	37110014*	66.78	80.15	-0.87	0.50	0.03	0.51	-0.13	0.52	-0.05	0.53	187.94	0.13
1101	15210414*	66.58		0.29	0.01	-0.04	0.41	-0.16	0.38	-0.01	0.01		
1102	15407685	66.57		-0.76	0.45	-0.01	0.46	-0.36	0.47	0.41	0.48		
1103	15406229	66.55		-1.46	0.43	0.09	0.44	-0.23	0.45	0.09	0.46		
1104	37108410*	66.19	79.38	-1.54	0.45	-0.05	0.46	-0.11	0.47	0.13	0.49	-748.34	0.40
1105	34114115	66.00	79.10	-1.48	0.48	0.08	0.48	-0.15	0.48	-0.04	0.49	-1103.92	0.42
1106	13114698*	65.49		-3.11	0.48	0.04	0.50	-0.02	0.51	-0.01	0.52		
1107	37110634*	65.37	79.20	-0.63	0.52	-0.15	0.56	-0.02	0.56	0.02	0.57	-52.48	0.46
1108	11114709	65.31	78.73	-1.23	0.50	-0.13	0.52	-0.11	0.52	0.22	0.53	-1015.92	0.47
1109	22117013	65.12		-0.19	0.49	0.05	0.50	-0.13	0.51	-0.16	0.52		

（续）

序号	牛号	CBI	TPI	体型外貌评分 EBV	r²	7~12月龄日增重 EBV	r²	13~18月龄日增重 EBV	r²	19~24月龄日增重 EBV	r²	4%乳脂率校正奶量 EBV	r²
1110	43110054	65.07	78.90	-2.00	0.49	-0.03	0.51	-0.05	0.51	0.04	0.52	-313.44	0.11
1111	11111909	64.89		1.95	0.56	-0.16	0.65	0.01	0.62	-0.32	0.58		
1112	42113093	64.45		0.34	0.68	-0.15	0.71	-0.11	0.71	0.05	0.70		
1113	13116561	64.37		-2.29	0.49	0.18	0.50	-0.15	0.50	-0.12	0.52		
1114	62108037	64.25	78.43	-0.63	0.43	0.10	0.45	-0.14	0.46	-0.18	0.48	-280.42	0.02
1115	65112586	63.69	78.56	-1.44	0.46	-0.12	0.48	-0.08	0.49	0.15	0.50	761.89	0.44
1116	53114303	63.49		0.19	0.52	-0.07	0.74	-0.14	0.64	-0.03	0.55		
△	22114007												
1117	11114706	63.42	77.60	-0.96	0.50	-0.15	0.52	-0.07	0.52	0.14	0.53	-1015.92	0.47
1118	37109025*	63.40	78.12	-0.65	0.20	-0.05	0.51	-0.14	0.52	0.06	0.53	187.94	0.13
1119	42111141	63.07		1.38	0.67	-0.36	0.66	0.06	0.61	-0.03	0.58		
1120	65112582	63.04	77.77	-0.86	0.48	-0.05	0.49	-0.15	0.49	0.09	0.51	-111.96	0.43
1121	37110041	62.83	77.65	0.71	0.51	-0.15	0.54	-0.07	0.55	-0.08	0.56	-110.88	0.10
1122	65112592	62.57	78.19	-1.41	0.49	-0.08	0.51	-0.03	0.52	-0.02	0.53	1434.61	0.46
1123	65111580	62.55	77.68	-2.25	0.54	0.01	0.56	-0.04	0.56	-0.05	0.57	339.14	0.48
1124	34112919	62.41	77.30	-2.23	0.43	0.06	0.43	-0.14	0.45	0.04	0.46	-330.37	0.41
1125	37110012*	62.20	77.45	-0.66	0.30	-0.06	0.56	-0.10	0.56	-0.01	0.57	295.16	0.19
1126	13116560	61.47		-2.29	0.49	0.20	0.50	-0.19	0.50	-0.10	0.52		
1127	37110641*	61.17	76.65	-1.07	0.53	-0.02	0.56	-0.09	0.57	-0.06	0.58	-103.53	0.45
1128	37110636*	61.10	76.62	-1.08	0.53	-0.06	0.56	-0.06	0.57	-0.05	0.58	-103.53	0.45
1129	41415191	61.08	76.54	-0.94	0.50	0.00	0.51	-0.03	0.51	-0.21	0.51	-250.98	0.44
1130	37105302*	60.72	76.29	-0.24	0.03	-0.05	0.45	-0.04	0.46	-0.19	0.46	-306.49	0.02
1131	11116927	60.37		-1.28	0.47	-0.03	0.47	-0.23	0.49	0.21	0.50		
1132	37109019*	60.20	76.20	-0.65	0.20	-0.24	0.51	-0.05	0.52	0.16	0.53	187.94	0.13
1133	34112791	60.16	76.01	-2.04	0.50	0.12	0.51	-0.16	0.52	-0.06	0.53	-183.32	0.45
1134	11114705	60.11	76.62	-0.99	0.49	-0.23	0.50	-0.05	0.51	0.21	0.52	1250.49	0.46
1135	37110645*	59.84	75.86	-0.97	0.31	-0.08	0.56	-0.06	0.57	-0.05	0.58	-103.53	0.45
1136	22116011	59.62		0.38	0.52	0.08	0.58	-0.32	0.58	0.01	0.36		

2019中国肉用及乳肉兼用种公牛遗传评估概要

Sire Summaries on National Beef and Dual-purpose Cattle Genetic Evaluation 2019

（续）

序号	牛号	CBI	TPI	体型外貌评分		7～12月龄日增重		13～18月龄日增重		19～24月龄日增重		4%乳脂率校正奶量	
				EBV	r²	EBV	r²	EBV	r²	EBV	r²	EBV	r²
1137	41317059	59.41		-0.11	0.51	-0.21	0.53	-0.06	0.54	0.08	0.52		
△	41117216												
1138	53114325	59.18		-0.92	0.46	-0.13	0.47	0.03	0.48	-0.13	0.50		
△	41114230*												
1139	65107530	59.18	75.53	-1.92	0.45	0.03	0.47	-0.01	0.48	-0.20	0.50	54.05	0.01
1140	21212103	58.85	75.36	-0.73	0.49	-0.13	0.50	-0.07	0.51	0.02	0.53	115.34	0.45
1141	53213146	58.58	75.14	-0.64	0.46	0.02	0.46	-0.19	0.47	-0.03	0.49	-17.88	0.04
1142	53113300	58.58		0.19	0.46	-0.19	0.49	-0.06	0.50	-0.02	0.51		
△	22113015												
1143	51111138	58.35	75.04	1.30	0.44	-0.12	0.44	-0.23	0.45	0.04	0.03	65.27	0.02
1144	42113097	58.35		0.47	0.81	-0.35	0.84	-0.09	0.83	0.28	0.75		
1145	13115624	58.20		-3.79	0.49	0.02	0.50	0.02	0.51	-0.04	0.53		
1146	22216661	58.16		-1.08	0.51	-0.09	0.52	-0.02	0.53	-0.09	0.54		
1147	11114702	58.15	74.43	-0.96	0.50	-0.18	0.52	-0.11	0.52	0.18	0.53	-1011.95	0.47
1148	65112503	58.07	75.14	-1.85	0.54	-0.03	0.56	-0.11	0.56	0.05	0.57	661.85	0.50
1149	14117227	57.52	74.76	-2.74	0.46	0.10	0.50	-0.05	0.47	-0.16	0.48	544.57	0.38
1150	37105307*	57.35	74.27	-0.24	0.03	-0.05	0.45	-0.06	0.46	-0.19	0.46	-306.49	0.02
1151	11114701	57.34	74.97	-0.99	0.49	-0.22	0.50	-0.04	0.51	0.14	0.52	1250.49	0.46
1152	15414015	57.30		-1.80	0.54	-0.03	0.60	-0.01	0.59	-0.13	0.56		
1153	15406224	57.18		-1.09	0.43	0.07	0.44	-0.21	0.45	-0.05	0.46		
1154	65111574	57.18	74.46	-2.05	0.54	-0.01	0.56	-0.11	0.56	0.04	0.57	339.14	0.48
1155	65107532	56.55	73.63	-1.58	0.45	-0.03	0.46	-0.04	0.48	-0.11	0.49	-664.35	0.05
1156	53114304	56.33		-1.13	0.50	-0.07	0.55	-0.02	0.56	-0.13	0.57		
△	22114011*												
1157	53113299	56.03		-0.26	0.48	-0.16	0.50	-0.06	0.51	-0.03	0.53		
△	22113013												
1158	11111906	55.89		-0.27	0.49	-0.22	0.58	0.02	0.56	-0.06	0.51		
1159	14117117	55.87	73.46	-2.52	0.48	0.16	0.49	-0.21	0.50	-0.03	0.51	-146.69	0.12

（续）

序号	牛号	CBI	TPI	体型外貌评分		7～12月龄日增重		13～18月龄日增重		19～24月龄日增重		4%乳脂率校正奶量	
				EBV	r^2	EBV	r^2	EBV	r^2	EBV	r^2	EBV	r^2
1160	13115632	55.66		-3.49	0.49	0.02	0.49	0.01	0.50	-0.08	0.51		
1161	53213150	55.56	73.19	0.68	0.49	-0.06	0.51	-0.20	0.50	-0.06	0.52	-313.84	0.08
1162	21212101	55.48	73.14	-1.46	0.47	-0.14	0.48	-0.03	0.49	0.02	0.50	-317.69	0.43
1163	11116928	55.44		-1.38	0.53	-0.04	0.34	-0.12	0.56	-0.01	0.23		
1164	15414007	55.38		-2.17	0.50	0.00	0.58	-0.04	0.58	-0.12	0.52		
1165	62107418	55.36	73.24	-0.77	0.10	0.01	0.47	-0.18	0.48	-0.04	0.49	54.05	0.01
1166	37110649*	54.94	72.94	-0.73	0.28	-0.15	0.56	-0.06	0.56	0.00	0.57	-52.48	0.46
1167	15414014	54.77		-2.17	0.48	-0.01	0.57	0.03	0.56	-0.22	0.50		
1168	41317038	54.54		-0.61	0.51	-0.06	0.53	-0.22	0.54	0.12	0.52		
△	41117206												
1169	13114691	53.74		-2.51	0.49	0.06	0.50	-0.02	0.51	-0.22	0.52		
1170	37104301*	53.67	72.06	-0.24	0.03	-0.08	0.45	-0.06	0.45	-0.18	0.46	-306.49	0.02
1171	34114049	53.60	72.25	-2.07	0.51	-0.24	0.55	0.08	0.53	0.03	0.54	202.71	0.10
1172	53114308	53.53		-0.48	0.51	-0.15	0.54	-0.09	0.55	0.02	0.54		
△	22114019												
1173	43110059	52.15	71.36	-1.94	0.47	-0.07	0.47	-0.08	0.48	0.02	0.48	152.69	0.02
1174	37110642*	52.00	71.16	-0.97	0.31	-0.12	0.56	-0.07	0.57	-0.02	0.58	-103.53	0.45
1175	65111577	51.94	71.34	-1.99	0.53	0.02	0.57	-0.12	0.57	-0.05	0.58	408.42	0.46
1176	22311286	51.77		0.21	0.43	-0.18	0.44	-0.10	0.45	-0.01	0.47		
1177	13116599	51.52		-1.46	0.45	-0.04	0.57	-0.11	0.56	-0.05	0.48		
1178	15113090*	51.37		1.00	0.17	-0.26	0.60	-0.05	0.56	-0.06	0.17		
1179	43110057	50.99	70.66	-1.95	0.47	-0.08	0.47	-0.08	0.48	0.02	0.48	152.69	0.02
1180	41414150	50.54		-0.37	0.52	-0.04	0.74	-0.17	0.68	-0.06	0.54		
1181	53213147	49.42		-1.41	0.45	-0.05	0.47	-0.19	0.47	0.09	0.48		
1182	14116513	48.90		-3.05	0.45	-0.02	0.45	-0.03	0.46	-0.05	0.48		
1183	65111581	48.85	69.46	-2.25	0.54	0.00	0.56	-0.14	0.56	0.00	0.57	339.14	0.48
1184	65112506	48.72	69.05	-1.91	0.50	-0.03	0.51	-0.14	0.52	0.03	0.53	-393.19	0.45
1185	13114693	48.18	68.95	-2.09	0.46	0.06	0.47	-0.09	0.48	-0.19	0.49	104.77	0.01

（续）

序号	牛号	CBI	TPI	体型外貌评分		7~12月龄日增重		13~18月龄日增重		19~24月龄日增重		4%乳脂率校正奶量	
				EBV	r²	EBV	r²	EBV	r²	EBV	r²	EBV	r²
1186	43110055	47.74		-1.89	0.43	-0.10	0.43	-0.06	0.45	-0.01	0.46		
1187	15414012	47.50		-2.58	0.53	0.04	0.60	-0.03	0.60	-0.23	0.54		
1188	65112531	47.29	68.15	-0.62	0.48	-0.10	0.49	-0.12	0.50	-0.06	0.51	-499.88	0.44
1189	42113090	47.16		-0.15	0.78	-0.27	0.80	-0.07	0.72	0.07	0.66		
1190	11114710	46.87	68.68	-0.98	0.49	-0.27	0.50	-0.07	0.51	0.16	0.52	1250.49	0.46
1191	22216615	46.81		-1.37	0.48	0.10	0.50	-0.22	0.51	-0.14	0.52		
1192	15414002	46.69		-1.37	0.44	-0.03	0.44	-0.07	0.46	-0.19	0.47		
1193	37110643˙	46.64	67.96	-0.90	0.52	-0.18	0.56	-0.04	0.56	-0.06	0.57	-52.48	0.46
1194	22117019	46.51		-0.33	0.54	0.02	0.57	-0.15	0.58	-0.24	0.58		
1195	22216669	46.48		-1.22	0.50	0.02	0.51	-0.18	0.52	-0.11	0.53		
1196	53114306	46.46		-1.23	0.49	-0.17	0.51	-0.03	0.52	-0.04	0.52		
△	22114017												
1197	65112593	46.20	68.36	-1.91	0.49	-0.12	0.51	0.09	0.52	-0.26	0.53	1434.61	0.46
1198	14116289	45.91		-4.04	0.43	-0.06	0.43	-0.02	0.45	0.06	0.46		
1199	53114305	44.68		-0.91	0.46	-0.12	0.53	-0.07	0.49	-0.09	0.50		
1200	65111578	44.67	66.95	-2.09	0.54	0.01	0.56	-0.17	0.56	-0.02	0.57	339.14	0.48
1201	65112591	43.98	66.80	-1.86	0.47	-0.11	0.48	-0.02	0.48	-0.12	0.50	916.38	0.44
1202	13116557	43.05		-2.94	0.51	0.17	0.52	-0.17	0.52	-0.18	0.54		
1203	22117001	42.31		-0.05	0.52	-0.10	0.57	-0.11	0.57	-0.19	0.58		
1204	53213149	42.02	65.27	-1.17	0.48	-0.17	0.55	-0.06	0.50	-0.04	0.51	122.43	0.04
1205	11114708	41.98	65.81	-1.26	0.49	-0.25	0.50	-0.09	0.51	0.16	0.52	1394.41	0.46
1206	15414008	41.57		-1.73	0.49	-0.06	0.57	-0.02	0.56	-0.22	0.51		
1207	15414001	41.16		-1.45	0.48	-0.03	0.58	-0.08	0.57	-0.21	0.51		
1208	22117015	40.94		-0.35	0.55	0.01	0.59	-0.14	0.59	-0.29	0.60		
1209	65112583	40.88	64.53	-1.69	0.50	-0.08	0.51	-0.14	0.52	0.00	0.53	-0.56	0.45
1210	22316301	40.54		-0.89	0.50	-0.19	0.53	-0.16	0.54	0.11	0.55		
1211	15414019	40.04		-1.73	0.49	-0.03	0.57	-0.06	0.56	-0.22	0.51		

（续）

序号	牛号	CBI	TPI	体型外貌评分		7~12月龄日增重		13~18月龄日增重		19~24月龄日增重		4%乳脂率校正奶量	
				EBV	r²	EBV	r²	EBV	r²	EBV	r²	EBV	r²
1212	65112508	39.19	63.29	-2.02	0.50	-0.04	0.51	-0.13	0.52	-0.06	0.53	-492.07	0.45
1213	15412116	38.82		0.65	0.49	0.04	0.58	-0.27	0.57	-0.26	0.52		
1214	15414005	38.38		-1.05	0.51	-0.03	0.58	-0.12	0.58	-0.22	0.54		
1215	37110057*	38.05	62.78	-1.08	0.53	-0.13	0.56	-0.01	0.57	-0.23	0.58	-103.53	0.45
1216	43110058	37.01	62.14	-2.57	0.48	-0.11	0.49	-0.08	0.50	0.00	0.51	-146.69	0.12
1217	53212135	36.36		-1.11	0.44	-0.20	0.45	-0.19	0.46	0.17	0.47		
1218	22316305	36.35		-1.44	0.50	-0.13	0.53	-0.18	0.54	0.08	0.55		
1219	13115622	36.32		-4.20	0.48	-0.01	0.48	-0.02	0.49	-0.09	0.50		
1220	15414016	35.47		-2.08	0.49	-0.01	0.58	-0.07	0.57	-0.24	0.51		
1221	65114501	35.37	61.22	-0.49	0.48	-0.23	0.73	-0.17	0.53	0.12	0.51	-0.20	0.44
1222	36111213	35.06		-0.84	0.45	-0.28	0.46	0.03	0.07	-0.12	0.48		
1223	65112590	34.07	60.95	-1.88	0.48	-0.06	0.49	-0.09	0.49	-0.15	0.52	1120.08	0.45
1224	15414010	33.11		-1.26	0.53	-0.01	0.59	-0.15	0.58	-0.22	0.55		
1225	11116925	32.71		-1.28	0.47	-0.02	0.47	-0.43	0.49	0.28	0.50		
1226	15414003	31.87		-1.50	0.50	-0.09	0.53	-0.08	0.54	-0.20	0.53		
1227	15414009	29.91		-1.42	0.54	0.01	0.61	-0.16	0.60	-0.26	0.57		
1228	15412151	29.46		0.51	0.49	0.02	0.57	-0.28	0.57	-0.27	0.52		
1229	15412127	29.37		1.04	0.49	-0.06	0.57	-0.27	0.57	-0.23	0.52		
1230	42106242*	29.20		-0.24	0.79	-0.45	0.76	0.02	0.76	0.05	0.77		
1231	65113594	27.57	56.99	-1.87	0.50	-0.16	0.51	0.00	0.51	-0.20	0.52	1001.18	0.45
1232	65112516	27.51	56.33	-2.04	0.47	-0.07	0.48	-0.11	0.49	-0.15	0.50	-387.21	0.44
1233	36111222	27.31		0.27	0.45	-0.40	0.46	0.03	0.07	-0.13	0.48		
1234	63109273*	27.09	56.34	-0.65	0.20	-0.38	0.51	0.04	0.52	-0.07	0.53	187.94	0.13
1235	42113091	25.41		-1.43	0.78	-0.29	0.80	-0.02	0.78	-0.04	0.73		
1236	53214164	22.47	53.26	-1.37	0.50	-0.02	0.51	-0.19	0.52	-0.22	0.53	-498.11	0.13
1237	22313023	22.24		-0.81	0.47	-0.09	0.50	-0.24	0.51	-0.09	0.52		
1238	15412064	21.78		0.27	0.51	-0.22	0.59	-0.16	0.59	-0.14	0.54		
1239	53214163	20.53	52.09	-1.75	0.50	-0.02	0.51	-0.14	0.52	-0.29	0.53	-498.11	0.13

（续）

序号	牛号	CBI	TPI	体型外貌评分		7~12月龄日增重		13~18月龄日增重		19~24月龄日增重		4%乳脂率校正奶量	
				EBV	r²	EBV	r²	EBV	r²	EBV	r²	EBV	r²
1240	22313037	19.92		-1.10	0.48	-0.07	0.51	-0.23	0.52	-0.12	0.53		
1241	22315041	19.12		-1.13	0.54	-0.05	0.56	-0.19	0.56	-0.25	0.57		
1242	22313003	15.06		-0.30	0.50	-0.15	0.51	-0.26	0.52	-0.09	0.53		
1243	15414004	14.13		-3.06	0.47	-0.03	0.45	-0.08	0.48	-0.28	0.48		
1244	15412022	13.95		0.38	0.53	-0.21	0.61	-0.20	0.60	-0.18	0.55		
1245	43106038	13.83		-2.73	0.45	-0.16	0.48	-0.05	0.49	-0.16	0.50		
1246	61212009	12.18	47.24	-1.47	0.48	-0.20	0.49	-0.08	0.50	-0.19	0.51	-146.69	0.12
1247	53114309	11.93		1.31	0.50	-0.23	0.63	-0.26	0.65	-0.15	0.53		
△	22114031												
1248	15412175	10.23		-0.31	0.50	-0.14	0.52	-0.25	0.52	-0.15	0.52		
1249	43107041	4.91		-1.47	0.45	-0.18	0.47	-0.14	0.48	-0.19	0.50		
1250	43106037	2.08	40.95	-2.80	0.45	-0.14	0.46	-0.02	0.48	-0.35	0.49	-664.35	0.05
1251	43107040	-3.17	38.00	-2.82	0.46	-0.18	0.48	-0.14	0.50	-0.13	0.52	-227.47	0.03
1252	43107042	-6.48	36.07	-1.89	0.46	-0.17	0.49	-0.13	0.50	-0.30	0.51	-87.97	0.02
1253	15412115	-15.63		-0.02	0.51	-0.12	0.58	-0.39	0.56	-0.23	0.53		
以下种公牛部分性状测定数据缺失，只发布数据完整性状的估计育种值													
1254	13214813			—	—	0.08	0.43	-0.13	0.44	—	—	-607.06	0.40
1255	13214843			-0.29	0.42	0.09	0.43	-0.13	0.44	—	—	-35.99	0.40
1256	13216385			—		0.08	0.43	0.29	0.45	-0.15	0.46		
1257	15205027*			—		0.04	0.43	0.06	0.44	-0.12	0.45		
1258	15205036*			—		0.04	0.43	0.06	0.44	-0.03	0.45		
1259	15205038*			0.08	0.02	—	—	0.02	0.01	-0.02	0.01		
1260	15207246*			—		0.03	0.43	-0.04	0.44	0.14	0.46		
1261	15208133*			-0.73	0.02	—	—	—	—	—	—		
1262	22110087			0.52	0.43	—	—	—	—	0.07	0.46		
1263	22207003*			—		-0.01	0.01	0.01	0.01	0.00	0.01		
1264	22207105*			—		0.24	0.43	-0.07	0.44	0.08	0.46		
1265	22210027*			—	—	0.30	0.43	0.01	0.44	0.11	0.46		

（续）

（续）

序号	牛号	CBI	TPI	体型外貌评分		7~12 月龄日增重		13~18 月龄日增重		19~24 月龄日增重		4%乳脂率校正奶量	
				EBV	r²	EBV	r²	EBV	r²	EBV	r²	EBV	r²
1266	22210063*			—	—	0.27	0.43	-0.02	0.45	0.18	0.46		
1267	22210157*			—	—	0.37	0.43	-0.03	0.45	0.01	0.46		
1268	22211126*			-0.08	0.43	—	—	0.11	0.45	-0.03	0.46		
1269	37110031*			—	—	0.02	0.43	0.04	0.45	-0.01	0.46		
1270	41117226			-0.42	0.43	-0.17	0.44	0.06	0.46	—	—		
1271	53110210*			-0.21	0.03	0.01	0.06	0.00	0.03	—	—		
1272	62111153			—	—	0.00	0.21	-0.09	0.20	—	—		
1273	63110205			1.55	0.43	—	—	—	—	0.14	0.46		
1274	63110269			1.65	0.46	—	—	—	—	0.15	0.46		
1275	63110329			-0.92	0.43	—	—	—	—	—	—		
1276	63110407			1.11	0.44	—	—	—	—	—	—		
1277	63110433			0.05	0.43	—	—	—	—	—	—		
1278	63110479			0.17	0.46	—	—	—	—	—	—		
1279	63110505			-0.30	0.46	—	—	—	—	—	—		
1280	63110606			-0.78	0.43	—	—	—	—	—	—		
1281	63110611			1.22	0.43	—	—	—	—	0.03	0.46		
1282	63110612			0.96	0.43	—	—	—	—	0.05	0.03		
1283	63110733			1.81	0.46	—	—	—	—	0.08	0.11		
1284	63110802			0.03	0.43	—	—	—	—	0.04	0.03		
1285	63110889			-1.12	0.43	—	—	—	—	—	—		
1286	63110968			0.63	0.43	—	—	—	—	0.11	0.46		
1287	65117533			-0.29	0.43	0.05	0.43	-0.02	0.45	—	—		

＊ 表示该牛已经不在群，但有库存冻精。

△ 表示上一行牛的曾用牛号。

— 表示该表型值缺失，且无法根据系谱信息估计出育种值。

4.2 三河牛

表4-2 三河牛估计育种值

序号	牛号	CBI	TPI	体型外貌评分		7~12月龄日增重		13~18月龄日增重		19~24月龄日增重		4%乳脂率校正奶量	
				EBV	r^2	EBV	r^2	EBV	r^2	EBV	r^2	EBV	r^2
1	15313096	154.79	133.05	0.11	0.48	0.14	0.50	-0.03	0.50	0.33	0.51	383.45	0.13
2	15308741	142.12	125.36	0.28	0.50	0.21	0.59	0.00	0.59	0.04	0.57	205.45	0.13
3	15313050	123.44	114.15	-0.12	0.47	0.24	0.49	-0.13	0.49	0.07	0.50	193.41	0.07
4	15312001	116.66	110.25	0.64	0.45	0.10	0.49	-0.04	0.47	0.00	0.48	576.04	0.10
5	15313077	116.53	110.17	-0.33	0.41	0.00	0.44	-0.01	0.44	0.21	0.45	560.27	0.36
6	15308735*	116.15	109.77	0.49	0.27	0.04	0.30	0.00	0.29	0.03	0.30	167.45	0.14
7	15308540*	114.66	108.92	-0.11	0.10	0.02	0.27	0.01	0.20	0.10	0.11	280.14	0.09
8	15314037	114.31	108.58	0.07	0.41	0.17	0.43	-0.10	0.44	0.02	0.45	-4.97	0.36
9	15312618*	112.47	107.41	0.53	0.16	0.03	0.35	0.00	0.35	0.02	0.24	-151.47	0.11
10	15313875	108.89	105.41	-0.66	0.41	0.21	0.42	-0.07	0.44	-0.07	0.45	172.13	0.36
11	15311063	105.90	103.70	0.05	0.43	-0.02	0.57	0.04	0.53	0.00	0.47	362.99	0.06
12	15305211*	105.68	103.44	0.03	0.01	0.01	0.03	0.00	0.02	0.02	0.01	70.03	0.01
13	15312019	105.45	103.32	0.63	0.49	0.03	0.54	-0.06	0.53	0.04	0.54	117.59	0.12
14	15308542*	104.76	102.92	-0.01	0.03	-0.01	0.27	0.01	0.14	0.05	0.03	140.07	0.02
15	15309009*	104.45	102.71	-0.33	0.10	0.11	0.11	-0.03	0.11	-0.03	0.11	86.07	0.09
16	15312015	101.38	100.88	0.30	0.44	0.06	0.51	-0.04	0.50	-0.05	0.50	102.72	0.03
17	15310005	98.80	99.23	-0.25	0.47	0.02	0.49	-0.06	0.50	0.09	0.51	-110.88	0.10
18	15311065	94.62	96.40	-0.06	0.41	-0.08	0.45	0.03	0.49	0.04	0.47	-836.70	0.35
19	15309095*	92.82		0.11	0.01	-0.01	0.11	0.02	0.11	-0.10	0.12		
20	15312171	90.43	94.02	0.39	0.41	0.04	0.46	-0.06	0.47	-0.10	0.48	-531.21	0.36
21	15312615	89.02	93.34	0.07	0.47	-0.01	0.48	-0.07	0.49	0.01	0.50	-151.47	0.11
22	15311029	80.29		-1.38	0.42	0.07	0.44	-0.08	0.45	0.00	0.46		
23	15310125	78.42	87.05	0.26	0.41	-0.05	0.46	-0.05	0.47	-0.07	0.48	-1.24	0.02
24	15313185	72.88	83.53	-0.16	0.41	-0.03	0.43	-0.13	0.44	0.02	0.45	-442.75	0.36

（续）

序号	牛号	CBI	TPI	体型外貌评分		7~12月龄日增重		13~18月龄日增重		19~24月龄日增重		4%乳脂率校正奶量	
				EBV	r^2	EBV	r^2	EBV	r^2	EBV	r^2	EBV	r^2
以下种公牛部分性状测定数据缺失，只发布数据完整性状的估计育种值													
25	15308035*			—	—	-0.05	0.11	0.04	0.11	-0.06	0.11		
26	15309003*			—	—	-0.02	0.24	0.03	0.11	—	—		
27	15309035*			—	—	-0.02	0.30	-0.01	0.31	0.07	0.11		
28	15311051*			—	—	-0.08	0.11	0.11	0.11	-0.13	0.11		
29	15312151*		111.38	—	—	0.05	0.11	0.04	0.11	0.03	0.11	1083.22	0.36

* 表示该牛已经不在群，但有库存冻精。

— 表示该表型值缺失，且无法根据系谱信息估计出育种值。

4.3 褐牛

表4-3 褐牛估计育种值

序号	牛号	CBI	TPI	体型外貌评分		7~12月龄日增重		13~18月龄日增重		19~24月龄日增重		4%乳脂率校正奶量	
				EBV	r²	EBV	r²	EBV	r²	EBV	r²	EBV	r²
1	21214005	160.98	136.20	2.42	0.44	0.02	0.45	0.09	0.46	0.12	0.47	-874.84	0.35
2	21216034	146.25	127.44	2.90	0.43	0.02	0.43	-0.05	0.44	0.18	0.45	-703.33	0.34
3	65117818	141.51	124.95	1.13	0.45	0.04	0.45	0.16	0.46	-0.07	0.47	107.63	0.10
4	11115202	139.56	124.23	-0.51	0.47	0.02	0.48	0.15	0.48	0.14	0.48	1110.83	0.40
5	21216053	134.68	120.36	3.44	0.44	-0.12	0.45	0.01	0.46	0.12	0.47	-1003.76	0.34
6	65116850	134.08	120.70	-0.04	0.44	0.04	0.45	0.15	0.46	0.01	0.47	559.47	0.43
7	65117801	132.16	119.40	0.98	0.45	0.06	0.45	0.04	0.46	0.04	0.47	231.09	0.09
8	65116836	130.58	118.10	0.86	0.46	-0.03	0.46	0.14	0.47	0.01	0.48	-552.81	0.43
9	21216050	130.23	117.69	3.15	0.44	-0.09	0.45	-0.05	0.46	0.17	0.47	-1003.76	0.34
10	65117844	130.15	118.14	-0.13	0.47	0.06	0.47	0.12	0.48	-0.02	0.16	115.31	0.13
11	65117857	129.19	117.64	0.79	0.47	0.04	0.47	0.02	0.48	0.10	0.19	277.72	0.16
12	65117855	128.75	117.35	0.67	0.45	0.08	0.45	0.00	0.46	0.07	0.11	231.09	0.09
13	65112819	128.48	117.35	-0.49	0.43	0.05	0.43	0.14	0.44	0.01	0.46	593.54	0.41
14	65117851	127.87	116.85	1.02	0.45	0.05	0.47	0.09	0.46	-0.08	0.13	292.89	0.16
15	65116840	127.66	116.79	0.20	0.12	0.02	0.45	0.15	0.46	-0.05	0.47	432.52	0.43
16	65117805	127.58	116.60	1.38	0.45	0.05	0.45	0.04	0.46	-0.04	0.47	107.63	0.10
17	65111897	127.58	116.56	0.01	0.45	0.05	0.45	-0.01	0.46	0.20	0.47	34.25	0.41
18	65116849	123.89	114.50	1.03	0.47	-0.01	0.47	0.01	0.48	0.10	0.48	373.77	0.43
19	65116839	122.22	113.54	1.16	0.44	-0.02	0.44	0.07	0.45	0.00	0.47	466.86	0.42
20	21214008	122.02	112.82	2.15	0.44	-0.06	0.45	-0.05	0.46	0.15	0.47	-874.84	0.35
21	11115203	121.75	112.90	-0.40	0.47	0.04	0.48	0.13	0.46	-0.04	0.48	-333.61	0.41
22	21214007	121.25	112.48	1.95	0.43	0.00	0.45	-0.10	0.44	0.15	0.45	-606.27	0.36
23	65117853	121.22	112.78	0.49	0.45	0.10	0.45	0.03	0.46	-0.07	0.12	107.63	0.10
24	65108883	119.58	111.59	-0.38	0.42	0.09	0.42	-0.03	0.43	0.13	0.45	-350.63	0.40
25	65117802	116.46	109.89	1.03	0.46	0.04	0.46	0.02	0.47	-0.06	0.48	30.41	0.11
26	65116835	113.42	108.01	0.31	0.46	0.00	0.46	0.07	0.47	-0.03	0.48	-89.37	0.43

（续）

序号	牛号	CBI	TPI	体型外貌评分		7~12月龄日增重		13~18月龄日增重		19~24月龄日增重		4%乳脂率校正奶量	
				EBV	r^2	EBV	r^2	EBV	r^2	EBV	r^2	EBV	r^2
27	65115834	109.70	106.11	0.79	0.44	0.05	0.44	-0.02	0.45	-0.04	0.47	634.16	0.42
28	65117806	108.91	105.20	0.43	0.46	0.04	0.47	0.05	0.48	-0.12	0.49	-329.19	0.10
29	65117852	108.46	105.18	0.15	0.45	0.05	0.45	-0.05	0.46	0.07	0.11	231.09	0.09
30	65117823	108.19	104.77	0.43	0.46	0.07	0.47	-0.01	0.48	-0.08	0.49	-329.19	0.10
31	11115201	107.57	105.04	-0.79	0.47	-0.01	0.48	0.08	0.48	0.04	0.48	1110.83	0.40
32	65116841	107.20	104.14	-0.61	0.45	-0.04	0.46	0.07	0.47	0.09	0.48	-402.48	0.43
33	65114810	106.99	104.32	-0.98	0.45	0.00	0.45	0.13	0.45	-0.05	0.47	294.68	0.42
34	65115833	106.51	103.98	0.75	0.46	0.02	0.46	0.01	0.47	-0.07	0.48	166.05	0.43
35	65117858	105.42	103.33	0.23	0.47	0.09	0.47	-0.06	0.48	-0.01	0.18	174.84	0.16
36	65116848	105.38	103.46	0.09	0.43	0.01	0.43	-0.01	0.44	0.03	0.46	520.84	0.41
37	65114812	104.93	103.13	-0.54	0.10	0.02	0.45	0.08	0.46	-0.05	0.47	394.06	0.42
38	65115827	104.27	102.62	1.15	0.44	-0.05	0.44	0.02	0.45	-0.05	0.47	141.29	0.42
39	65115825	102.06	101.45	1.46	0.44	-0.04	0.44	-0.05	0.45	0.00	0.47	478.49	0.42
40	65115829	101.21	100.86	1.02	0.45	0.01	0.45	-0.06	0.46	-0.02	0.47	304.51	0.43
41	65108826	99.11	100.01	-0.85	0.42	-0.01	0.04	0.01	0.04	0.10	0.45	1222.55	0.39
42	65113809	98.87	99.35	-1.28	0.44	0.01	0.45	0.13	0.47	-0.10	0.47	58.21	0.42
43	21211102	98.72	99.42	0.67	0.41	0.02	0.41	-0.03	0.42	-0.08	0.44	411.91	0.37
44	65115828	97.09	98.24	0.90	0.45	-0.05	0.45	-0.01	0.46	-0.03	0.47	-34.07	0.43
45	65115830	95.78	97.62	0.27	0.46	-0.02	0.46	0.00	0.47	-0.04	0.48	356.13	0.43
46	65113807	94.51	96.71	-1.14	0.43	0.05	0.43	-0.01	0.44	0.02	0.46	15.53	0.41
47	65113806	94.02	96.31	-0.77	0.44	0.07	0.45	-0.01	0.46	-0.07	0.47	-230.78	0.42
48	65115826	93.51	96.35	1.02	0.46	-0.05	0.46	-0.04	0.47	-0.02	0.48	533.12	0.43
49	65114813	92.88	95.63	-0.57	0.44	0.04	0.45	-0.01	0.46	-0.06	0.47	-219.03	0.42
50	65111898	92.18	94.93	-0.86	0.45	0.04	0.45	0.04	0.46	-0.10	0.48	-844.04	0.41
51	65116846	91.06	94.43	-0.14	0.46	0.04	0.46	-0.05	0.47	-0.05	0.49	-459.72	0.40
52	11101934*	90.60	94.31	1.01	0.35	-0.25	0.41	0.15	0.42	-0.05	0.40	-121.93	0.03
53	65114811	90.46	94.41	-1.05	0.45	0.01	0.46	0.02	0.46	-0.03	0.47	303.73	0.43
54	65114815	89.56	93.54	-1.13	0.44	0.02	0.45	0.03	0.46	-0.06	0.47	-443.85	0.42
55	65107859	89.54	93.45	-0.94	0.42	-0.02	0.02	0.01	0.02	0.02	0.02	-600.10	0.38

（续）

序号	牛号	CBI	TPI	体型外貌评分		7～12 月龄日增重		13～18 月龄日增重		19～24 月龄日增重		4%乳脂率校正奶量	
				EBV	r²	EBV	r²	EBV	r²	EBV	r²	EBV	r²
56	21211103	85.74	91.87	0.36	0.41	-0.05	0.42	-0.03	0.43	-0.05	0.45	941.22	0.37
57	65111899	85.68	90.98	-0.60	0.46	0.03	0.46	-0.03	0.47	-0.06	0.48	-966.44	0.42
58	65116847	85.38	91.34	-0.33	0.46	0.02	0.46	-0.05	0.47	-0.05	0.49	256.73	0.40
59	21208021	84.86	90.40	-0.59	0.41	0.03	0.42	-0.09	0.43	0.02	0.44	-1146.85	0.37
60	65113821	83.77	89.98	-1.72	0.45	-0.06	0.45	0.14	0.46	-0.10	0.47	-620.64	0.41
61	65115824	83.71	89.99	0.39	0.45	-0.02	0.45	-0.08	0.46	-0.03	0.47	-529.62	0.43
62	65116843	83.15	90.00	-0.69	0.46	0.02	0.46	-0.01	0.47	-0.10	0.49	256.73	0.40
63	65116845	82.92	89.87	-0.60	0.46	0.02	0.46	-0.03	0.47	-0.08	0.49	256.73	0.40
64	21211101	79.32	88.28	0.48	0.42	-0.03	0.42	-0.08	0.43	-0.07	0.45	1533.13	0.38
65	21209004	78.25	86.98	-0.90	0.41	-0.02	0.42	-0.03	0.43	-0.02	0.44	63.62	0.32
66	65114832	77.90	86.60	0.99	0.44	-0.03	0.46	-0.11	0.46	-0.09	0.48	-320.19	0.41
67	65114831	75.89	85.37	0.74	0.44	-0.03	0.46	-0.11	0.46	-0.09	0.48	-372.84	0.41
68	21208020	72.71	83.15	-1.17	0.41	-0.02	0.42	-0.05	0.43	0.00	0.44	-1059.05	0.37
69	65113808	71.97	83.28	-1.64	0.43	-0.10	0.44	0.02	0.45	0.05	0.46	224.12	0.42
70	65111801	70.75	82.25	-0.63	0.45	-0.08	0.45	-0.02	0.46	-0.04	0.48	-446.26	0.41
71	65113804	70.70	82.40	-0.76	0.45	-0.06	0.45	0.06	0.46	-0.20	0.47	-36.33	0.43
72	65114814	66.85	80.24	-0.95	0.44	-0.06	0.45	-0.05	0.46	-0.03	0.47	301.51	0.42
73	11103630*	65.69	79.38	0.70	0.34	0.03	0.49	-0.19	0.43	-0.11	0.43	-73.14	0.24
74	65114822	65.09	79.09	-1.59	0.44	-0.08	0.44	-0.03	0.45	0.02	0.47	73.21	0.43
75	65112803	62.97	77.72	-0.35	0.45	-0.13	0.45	-0.09	0.46	0.06	0.48	-143.65	0.42
76	65113817	61.77	76.98	-1.84	0.46	0.01	0.47	0.00	0.47	-0.17	0.48	-188.41	0.41
77	65111802	61.34	76.69	-0.81	0.45	-0.06	0.45	-0.08	0.46	-0.05	0.48	-243.27	0.41
78	65113816	43.38	65.95	-1.77	0.46	-0.06	0.47	-0.04	0.47	-0.17	0.48	-176.86	0.41

＊ 表示该牛已经不在群，但有库存冻精。

4.4　摩拉水牛

表 4－4　摩拉水牛估计育种值

序号	牛号	CBI	TPI	体型外貌评分		7～12 月龄日增重		13～18 月龄日增重		19～24 月龄日增重		4%乳脂率校正奶量	
				EBV	r^2	EBV	r^2	EBV	r^2	EBV	r^2	EBV	r^2
1	53114322	178.83		2.15	0.42	0.14	0.42	0.09	0.44	0.12	0.45		
2	53114320	175.33		1.68	0.42	0.14	0.42	0.08	0.44	0.15	0.45		
3	53210102	173.20	143.91	-0.06	0.42	0.28	0.42	0.22	0.44	-0.13	0.45	-34.62	0.30
4	53114321	171.53		0.73	0.43	0.14	0.43	0.13	0.44	0.15	0.46		
5	53207088	169.64		0.12	0.42	0.23	0.42	0.19	0.43	-0.05	0.45		
6	53212137	169.61	141.70	0.13	0.43	0.21	0.44	0.16	0.44	0.02	0.46	-149.28	0.26
7	53114318	164.44		1.65	0.42	0.12	0.42	0.05	0.44	0.15	0.45		
8	53207086	160.76		-0.20	0.42	0.21	0.42	0.15	0.43	0.00	0.45		
9	53213158	157.90	134.69	0.07	0.43	0.17	0.44	0.30	0.44	-0.26	0.46	-121.50	0.26
10	53114316	157.76		0.78	0.42	0.08	0.42	0.10	0.44	0.15	0.45		
11	53207087	155.84		-1.06	0.42	0.22	0.42	0.19	0.43	-0.03	0.45		
12	53114317	153.73		0.18	0.42	0.08	0.42	0.12	0.44	0.16	0.45		
13	53114319	152.51		-0.40	0.43	0.09	0.43	0.13	0.44	0.17	0.46		
14	53204051	142.35		-1.67	0.39	-0.26	0.42	0.52	0.43	0.12	0.44		
15	53213157	134.68	120.70	-0.70	0.43	0.15	0.43	0.21	0.44	-0.21	0.46	-250.56	0.26
16	53109229	122.63		-0.32	0.42	0.02	0.01	0.03	0.01	0.17	0.45		
17	36108169	116.54		0.71	0.42	0.25	0.42	-0.19	0.44	-0.01	0.46		
18	36108123	100.24		0.85	0.46	0.12	0.46	-0.18	0.48	0.02	0.49		
19	53110217	92.48		0.22	0.42	-0.11	0.42	-0.01	0.44	0.10	0.45		
20	45101823	89.51		-0.05	0.05	0.02	0.05	-0.08	0.05	0.01	0.06		
21	45106863*	89.51		-0.05	0.05	0.02	0.05	-0.08	0.05	0.01	0.06		
22	45108131	87.47		-0.02	0.02	-0.01	0.02	-0.06	0.02	0.00	0.02		
23	45109143*	87.47		-0.02	0.02	-0.01	0.02	-0.06	0.02	0.00	0.02		
24	45112730	81.64		-0.18	0.01	-0.04	0.01	-0.05	0.01	-0.01	0.01		
25	45112163	77.64		-0.25	0.07	-0.05	0.08	-0.07	0.08	0.01	0.09		
26	45104959	76.40		-0.03	0.08	-0.03	0.07	-0.10	0.08	0.01	0.08		

（续）

序号	牛号	CBI	TPI	体型外貌评分		7~12 月龄日增重		13~18 月龄日增重		19~24 月龄日增重		4%乳脂率校正奶量	
				EBV	r^2	EBV	r^2	EBV	r^2	EBV	r^2	EBV	r^2
27	45106859	76.40		-0.03	0.08	-0.03	0.07	-0.10	0.08	0.01	0.08		
28	45112181*	75.64		-0.31	0.01	-0.05	0.01	-0.05	0.01	-0.03	0.01		
29	45112294	72.10		-0.25	0.07	-0.06	0.07	-0.07	0.07	-0.02	0.07		
30	45102861*	70.36		-0.10	0.13	-0.02	0.11	-0.15	0.14	0.02	0.14		
31	42108127	67.41		0.34	0.43	-0.03	0.43	-0.16	0.44	-0.02	0.46		
32	42111237	66.17		-0.22	0.07	-0.04	0.07	-0.11	0.08	-0.04	0.08		
33	45103945*	63.96		-0.48	0.07	-0.06	0.05	-0.11	0.05	-0.01	0.08		
34	45102879*	63.27		-0.36	0.05	-0.08	0.05	-0.10	0.05	-0.02	0.06		
35	45102889*	63.27		-0.36	0.05	-0.08	0.05	-0.10	0.05	-0.02	0.06		
36	45103917*	63.27		-0.36	0.05	-0.08	0.05	-0.10	0.05	-0.02	0.06		
37	45103947*	63.27		-0.36	0.05	-0.08	0.05	-0.10	0.05	-0.02	0.06		
38	45104967	63.27		-0.36	0.05	-0.08	0.05	-0.10	0.05	-0.02	0.06		
39	45104977*	63.27		-0.36	0.05	-0.08	0.05	-0.10	0.05	-0.02	0.06		
40	53212136	62.50	77.76	0.04	0.43	-0.22	0.44	0.11	0.06	-0.19	0.46	581.92	0.26
41	42106189	61.06		-0.19	0.41	-0.02	0.42	-0.12	0.43	-0.12	0.45		
42	36108137	57.60		0.26	0.43	-0.04	0.43	-0.15	0.45	-0.11	0.47		
43	45112277*	56.55		-0.49	0.02	-0.09	0.03	-0.10	0.03	-0.04	0.03		
44	45108929	53.72		-0.30	0.07	-0.09	0.07	-0.13	0.07	-0.04	0.08		
45	45109151	53.72		-0.30	0.07	-0.09	0.07	-0.13	0.07	-0.04	0.08		
46	45112275*	53.72		-0.30	0.07	-0.09	0.07	-0.13	0.07	-0.04	0.08		
47	45112281	53.72		-0.30	0.07	-0.09	0.07	-0.13	0.07	-0.04	0.08		
48	45112273	53.23		-0.30	0.07	-0.09	0.07	-0.13	0.08	-0.04	0.08		
49	45112283*	53.23		-0.30	0.07	-0.09	0.07	-0.13	0.08	-0.04	0.08		
50	45103951	52.43		-0.58	0.05	-0.09	0.05	-0.12	0.06	-0.03	0.07		
51	45105005*	52.04		-0.35	0.09	-0.08	0.09	-0.16	0.10	-0.02	0.10		
52	45100791*	51.28		-0.62	0.04	-0.10	0.05	-0.10	0.05	-0.05	0.05		
53	45100795*	51.28		-0.62	0.04	-0.10	0.05	-0.10	0.05	-0.05	0.05		
54	45100799*	51.28		-0.62	0.04	-0.10	0.05	-0.10	0.05	-0.05	0.05		
55	45103937	51.28		-0.62	0.04	-0.10	0.05	-0.10	0.05	-0.05	0.05		

（续）

（续）

序号	牛号	CBI	TPI	体型外貌评分		7~12月龄日增重		13~18月龄日增重		19~24月龄日增重		4%乳脂率校正奶量	
				EBV	r²	EBV	r²	EBV	r²	EBV	r²	EBV	r²
56	42111239	50.31		0.20	0.43	-0.07	0.43	-0.15	0.45	-0.12	0.46		
57	42111081	49.39		0.09	0.42	-0.11	0.42	-0.15	0.44	-0.05	0.45		
58	43111072	38.27		-0.38	0.42	-0.22	0.42	-0.04	0.44	-0.11	0.45		
59	43112073	37.79		0.23	0.42	-0.23	0.42	-0.06	0.44	-0.14	0.45		
60	42110221	32.38		0.06	0.43	-0.09	0.43	-0.23	0.45	-0.10	0.46		
61	42107103*	30.71		-0.31	0.42	-0.05	0.42	-0.29	0.44	-0.04	0.45		
62	45110207	29.36		-0.61	0.11	-0.14	0.12	-0.18	0.12	-0.07	0.12		
63	43110066	26.70		-0.51	0.42	-0.18	0.42	-0.13	0.44	-0.13	0.45		
64	43110067	26.53		-0.32	0.43	-0.19	0.43	-0.15	0.45	-0.11	0.46		
65	43112074	24.82		-0.69	0.43	-0.21	0.43	-0.09	0.45	-0.14	0.46		
66	43109064	22.37		-0.95	0.42	-0.14	0.42	-0.18	0.44	-0.09	0.45		
67	43109065	20.31		-0.25	0.43	-0.18	0.43	-0.21	0.44	-0.07	0.46		
68	43113075	19.73		-0.42	0.43	-0.22	0.43	-0.13	0.45	-0.14	0.47		
69	43109063	16.71		0.12	0.43	-0.18	0.43	-0.24	0.45	-0.11	0.46		
70	43101035	0.79		-1.04	0.37	-0.23	0.43	-0.21	0.44	-0.08	0.42		
71	43101036	-15.93		-1.98	0.35	-0.25	0.42	-0.21	0.44	-0.11	0.41		
72	43101033	-17.05		-1.22	0.36	-0.25	0.43	-0.26	0.45	-0.13	0.42		
以下种公牛部分性状测定数据缺失，只发布数据完整性状的估计育种值													
73	53106170			-1.42	0.41	—	—	—	—	-0.06	0.45		
74	53109228			-0.37	0.42	—	—	—	—	0.10	0.45		
75	53109230			0.97	0.42	—	—	—	—	0.22	0.45		
76	53110235			0.55	0.42	—	—	-0.03	0.44	0.08	0.45		
77	53114315			1.99	0.42	—	—	0.12	0.44	0.16	0.45		

＊ 表示该牛已经不在群，但有库存冻精。

4.5 尼里/拉菲水牛

表4-5 尼里/拉菲水牛估计育种值

序号	牛号	CBI	TPI	体型外貌评分		7~12月龄日增重		13~18月龄日增重		19~24月龄日增重		4%乳脂率校正奶量	
				EBV	r^2	EBV	r^2	EBV	r^2	EBV	r^2	EBV	r^2
1	53213172	204.58	162.75	2.14	0.44	0.21	0.42	0.33	0.44	-0.15	0.47	10.50	0.25
2	53212170	192.88	155.71	1.27	0.42	0.15	0.40	0.34	0.43	-0.11	0.45	-28.92	0.25
3	53212156	191.03	154.64	0.83	0.44	0.19	0.42	0.35	0.44	-0.15	0.47	41.40	0.25
4	53213171	184.32	150.74	1.30	0.42	0.19	0.40	0.29	0.43	-0.15	0.45	332.54	0.25
5	53210104	153.17	131.81	0.58	0.41	0.25	0.40	0.10	0.42	-0.14	0.44	-210.80	0.30
6	36108766	118.59		1.04	0.41	0.17	0.40	-0.05	0.42	-0.13	0.44		
7	45110866	102.57		0.17	0.03	0.03	0.03	-0.02	0.03	-0.02	0.03		
8	45107694*	97.12		-0.15	0.01	-0.02	0.01	-0.01	0.01	0.03	0.01		
9	45100454*	97.12		-0.09	0.01	0.00	0.01	-0.02	0.02	0.02	0.02		
10	45100456*	97.12		-0.09	0.01	0.00	0.01	-0.02	0.02	0.02	0.02		
11	45109798	97.08		-0.13	0.01	0.00	0.01	-0.01	0.01	0.04	0.01		
12	45108935	95.90		-0.27	0.01	-0.02	0.01	-0.01	0.01	0.03	0.01		
13	45108961*	95.68		-0.20	0.02	-0.02	0.02	-0.02	0.02	0.04	0.02		
14	45112161*	94.15		-0.02	0.05	-0.06	0.04	-0.02	0.05	0.08	0.05		
15	45112480	94.15		-0.02	0.05	-0.06	0.04	-0.02	0.05	0.08	0.05		
16	45112768*	94.15		-0.02	0.05	-0.06	0.04	-0.02	0.05	0.08	0.05		
17	45112165	93.57		-0.11	0.01	0.04	0.03	-0.05	0.03	-0.03	0.04		
18	45102520	92.90		-0.32	0.01	0.02	0.01	-0.03	0.01	-0.02	0.02		
19	45108756	92.18		-0.11	0.01	0.04	0.03	-0.05	0.03	-0.04	0.04		
20	45110858	92.18		-0.11	0.01	0.04	0.03	-0.05	0.03	-0.04	0.04		
21	45109973	91.16		-0.17	0.01	0.04	0.03	-0.05	0.03	-0.04	0.04		
22	45103588*	91.09		-0.12	0.02	-0.01	0.02	-0.04	0.03	0.01	0.03		
23	45103584	85.06		-0.15	0.03	-0.01	0.05	-0.06	0.05	-0.01	0.06		
24	45103556	84.34		-0.07	0.02	-0.03	0.02	-0.05	0.02	0.00	0.02		
25	45109794*	80.13		-0.18	0.02	0.04	0.11	-0.09	0.11	-0.07	0.12		
26	45103568*	76.40		-0.03	0.08	-0.03	0.07	-0.10	0.08	0.01	0.08		
27	42106684*	75.76		0.48	0.41	-0.09	0.04	-0.07	0.05	-0.03	0.05		
28	36107736	58.83		-0.18	0.02	0.06	0.40	-0.17	0.42	-0.18	0.44		

（续）

序号	牛号	CBI	TPI	体型外貌评分		7~12月龄日增重		13~18月龄日增重		19~24月龄日增重		4%乳脂率校正奶量	
				EBV	r²	EBV	r²	EBV	r²	EBV	r²	EBV	r²
29	42108939*	51.08		-0.66	0.42	-0.11	0.40	-0.12	0.43	-0.01	0.45		
30	42107714	49.04		0.19	0.41	-0.10	0.40	-0.14	0.43	-0.11	0.45		
31	42110063	38.02		0.06	0.42	-0.17	0.40	-0.13	0.43	-0.10	0.45		
32	42110604	27.86		0.26	0.42	-0.24	0.40	-0.14	0.43	-0.07	0.45		
33	42110075*	24.14		-0.10	0.42	-0.20	0.40	-0.19	0.43	-0.07	0.45		
以下种公牛部分性状测定数据缺失，只发布数据完整性状的估计育种值													
34	45101478*			—	—	—	—	—	—	0.01	0.01		
35	45103558			—	—	—	—	—	—	0.01	0.01		
36	45107740			—	—	0.00	0.01	-0.01	0.01	0.03	0.01		
37	45110213			-0.24	0.01	—	—	-0.01	0.01	0.01	0.01		
38	45110852			-0.24	0.01	—	—	-0.01	0.01	0.01	0.01		
39	53105175*			0.99	0.39	—	—	—	—	-0.06	0.44		
40	53105176*			2.17	0.39	—	—	—	—	-0.05	0.44		
41	53109240			1.11	0.41	—	—	—	—	0.08	0.44		
42	53109241*			0.17	0.41	—	—	—	—	0.11	0.44		
43	53110243*			-0.53	0.41	—	—	0.08	0.42	-0.06	0.44		
44	53110244*			0.46	0.41	—	—	0.12	0.42	-0.03	0.44		

＊ 表示该牛已经不在群，但有库存冻精。

4.6 地中海水牛

表 4-6 地中海水牛估计育种值

序号	牛号	CBI	TPI	体型外貌评分		7~12月龄日增重		13~18月龄日增重		19~24月龄日增重		4%乳脂率校正奶量	
				EBV	r^2	EBV	r^2	EBV	r^2	EBV	r^2	EBV	r^2
1	42114027	110.24	106.34	3.07	0.45	-0.12	0.45	-0.17	0.46	0.24	0.48	441.64	0.38
2	42114025	102.66	101.56	2.22	0.45	-0.10	0.45	-0.17	0.46	0.24	0.48	-87.74	0.38
3	42114029	98.05	98.87	1.74	0.45	-0.10	0.45	-0.17	0.46	0.24	0.48	92.06	0.38
4	42114039	97.50	98.37	2.59	0.43	-0.08	0.43	-0.13	0.44	0.04	0.46	-289.80	0.39
5	42114023	84.80	91.00	1.21	0.45	-0.11	0.45	-0.17	0.46	0.20	0.48	266.93	0.38
6	42114001	81.56	88.83	1.46	0.46	-0.10	0.46	-0.21	0.47	0.18	0.49	-232.38	0.37
7	42114003	77.13	86.30	0.80	0.46	-0.11	0.46	-0.19	0.47	0.21	0.49	50.46	0.37
8	42114017	65.14	78.94	0.85	0.46	-0.13	0.46	-0.21	0.47	0.14	0.49	-313.94	0.37
9	42114019	57.29	74.38	0.22	0.46	-0.14	0.46	-0.20	0.47	0.14	0.49	4.83	0.37
10	42114005	57.20	74.18	0.33	0.46	-0.12	0.46	-0.20	0.47	0.10	0.49	-328.34	0.37
11	42114009*	56.72	74.05	-0.30	0.46	-0.11	0.46	-0.21	0.47	0.17	0.49	43.11	0.37

＊ 表示该牛已经不在群，但有库存冻精。

4.7 夏洛来牛

表 4 - 7 - 1 夏洛来牛估计育种值排名参考表

项目	体型外貌评分	7~12 月龄日增重	13~18 月龄日增重	19~24 月龄日增重	CBI
排名百分位					
1%	3.22 (2.85~3.59)	0.36 (0.34~0.37)	0.3 (0.3~0.3)	0.36 (0.35~0.37)	185.05 (179.35~190.75)
5%	2.61 (2.09~3.59)	0.3 (0.23~0.37)	0.24 (0.2~0.3)	0.33 (0.29~0.37)	176.08 (169.9~190.75)
10%	2.24 (1.74~3.59)	0.25 (0.18~0.37)	0.2 (0.13~0.3)	0.27 (0.18~0.37)	167.36 (153.4~190.75)
20%	1.82 (0.86~3.59)	0.2 (0.11~0.37)	0.15 (0.07~0.3)	0.2 (0.11~0.37)	154.19 (130.96~190.75)
30%	1.43 (0.41~3.59)	0.16 (0.08~0.37)	0.13 (0.05~0.3)	0.17 (0.08~0.37)	144.24 (119.38~190.75)
50%	0.88 (-0.1~3.59)	0.12 (0.03~0.37)	0.08 (0.01~0.3)	0.12 (0.01~0.37)	131.1 (101.09~190.75)
100%	0.02 (-8.06~3.59)	0.03 (-0.36~0.37)	0 (-0.35~0.3)	0 (-0.43~0.37)	104.14 (-2.63~190.75)
公牛数量（头）	166	163	163	167	158

表4-7-2　夏洛来牛估计育种值

序号	牛号	CBI	体型外貌评分		7~12月龄日增重		13~18月龄日增重		19~24月龄日增重	
			EBV	r²	EBV	r²	EBV	r²	EBV	r²
1	36115203	190.75	1.26	0.43	0.20	0.43	0.17	0.44	0.10	0.46
2	14115128	179.35	2.85	0.49	-0.01	0.11	0.06	0.11	0.35	0.52
3	36115205	178.56	0.81	0.43	0.21	0.43	0.13	0.44	0.08	0.46
4	41112126	175.47	2.19	0.45	0.09	0.46	0.15	0.47	0.06	0.49
5	41113136	173.40	2.02	0.45	0.08	0.46	0.10	0.47	0.17	0.49
6	14115126	171.14	2.66	0.49	-0.01	0.11	0.06	0.11	0.29	0.52
7	22208146*	170.07	0.18	0.45	0.37	0.45	0.05	0.47	-0.04	0.48
8	14116204	169.90	2.55	0.45	-0.01	0.03	0.03	0.03	0.34	0.48
9	41112124	167.66	1.79	0.44	0.02	0.45	0.24	0.46	-0.01	0.48
△	41112124									
10	22211097	165.53	-0.93	0.45	0.32	0.45	-0.03	0.47	0.26	0.48
11	41415034	159.14	2.51	0.49	-0.03	0.43	0.12	0.44	0.11	0.52
12	22210090*	156.71	1.40	0.43	0.18	0.43	0.00	0.44	0.09	0.46
13	41113140	155.97	1.83	0.45	0.10	0.45	0.03	0.46	0.10	0.48
14	41114144	155.58	1.40	0.44	0.20	0.44	-0.06	0.46	0.16	0.47
15	11116308	155.12	-0.29	0.44	-0.13	0.43	0.30	0.45	0.26	0.47
16	41114142	153.40	0.53	0.48	0.14	0.49	0.06	0.50	0.10	0.51
17	41113152	151.44	2.61	0.45	-0.01	0.45	0.03	0.47	0.17	0.48
18	22209179*	149.96	-0.16	0.03	0.31	0.44	-0.04	0.45	0.05	0.47
19	22211101*	149.90	0.39	0.44	0.29	0.44	0.04	0.46	-0.12	0.48
20	41115158	149.05	1.84	0.43	0.01	0.43	0.11	0.44	0.06	0.46
21	41113156	147.45	1.51	0.45	0.02	0.45	0.07	0.47	0.14	0.48
22	41115160	145.46	1.84	0.43	-0.01	0.43	0.09	0.44	0.09	0.46
23	11108016	145.15	1.74	0.43	-0.27	0.44	0.20	0.45	0.33	0.47
24	22210101	140.71	-0.65	0.43	0.23	0.44	-0.06	0.45	0.18	0.47
25	41113154	139.27	0.39	0.44	0.02	0.45	0.09	0.46	0.14	0.48
26	14112059	137.97	1.45	0.43	-0.20	0.43	0.27	0.44	0.06	0.46
27	22209178*	136.99	-0.55	0.14	0.34	0.48	-0.11	0.49	0.06	0.50

（续）

序号	牛号	CBI	体型外貌评分		7~12 月龄日增重		13~18 月龄日增重		19~24 月龄日增重	
			EBV	r^2	EBV	r^2	EBV	r^2	EBV	r^2
28	14114627	134.29	0.73	0.44	-0.04	0.01	0.22	0.45	-0.08	0.47
29	41416035	133.84	1.40	0.48	0.11	0.48	-0.04	0.49	0.05	0.51
30	11114305	132.55	3.59	0.44	-0.02	0.44	-0.15	0.45	0.20	0.47
31	65110719	131.18	-1.07	0.48	0.08	0.48	0.16	0.50	0.02	0.52
32	41115148	130.96	-0.01	0.44	0.15	0.45	0.02	0.46	0.02	0.48
33	14112058	130.78	0.03	0.44	-0.12	0.43	0.17	0.45	0.19	0.47
34	41115146	130.31	-0.14	0.45	0.09	0.45	0.03	0.46	0.10	0.48
35	41116162	129.16	1.67	0.43	-0.01	0.43	0.00	0.44	0.10	0.46
36	41112130˙	128.46	-0.94	0.44	0.18	0.44	0.02	0.45	0.06	0.47
37	41115154	127.61	0.12	0.43	0.09	0.43	-0.03	0.44	0.15	0.46
38	41407028	126.60	1.72	0.49	0.05	0.53	-0.05	0.54	0.05	0.55
39	65110720	125.44	-0.81	0.46	0.03	0.45	0.16	0.47	0.01	0.49
40	65116704	122.75	-0.46	0.44	0.06	0.44	0.03	0.48	0.12	0.50
41	41214101	122.59	0.86	0.12	0.00	0.47	0.02	0.48	0.08	0.50
42	65110717	122.38	-0.98	0.49	0.10	0.48	0.13	0.51	-0.06	0.52
43	22210119	122.21	-0.56	0.15	0.20	0.48	-0.12	0.49	0.16	0.51
44	41312178	121.48	0.46	0.44	0.02	0.44	0.04	0.45	0.05	0.47
45	41312177	120.45	0.48	0.43	-0.02	0.43	0.04	0.44	0.10	0.46
46	21109512	120.31	0.20	0.04	0.01	0.01	0.08	0.07	0.01	0.07
47	14112062	119.81	1.46	0.43	-0.19	0.43	0.09	0.44	0.18	0.46
48	65117704	119.38	-0.42	0.47	0.14	0.47	0.03	0.48	-0.05	0.50
49	41117102	119.33	-0.26	0.44	0.13	0.45	-0.01	0.05	0.01	0.03
50	41115152	118.71	0.54	0.43	0.05	0.43	-0.01	0.44	0.07	0.46
51	41213005	118.41	0.79	0.47	0.02	0.47	0.00	0.48	0.05	0.50
52	14112060	118.12	0.96	0.43	-0.26	0.44	0.23	0.45	0.08	0.47
53	22212801˙	117.79	-0.55	0.08	0.22	0.47	-0.13	0.48	0.10	0.49
54	41111122	116.34	1.21	0.45	0.00	0.45	0.02	0.46	-0.03	0.48
55	41115150	116.27	0.32	0.44	0.02	0.46	0.04	0.46	0.00	0.47
56	41215106	115.73	0.52	0.48	0.01	0.48	-0.01	0.49	0.09	0.51

（续）

序号	牛号	CBI	体型外貌评分		7~12月龄日增重		13~18月龄日增重		19~24月龄日增重	
			EBV	r^2	EBV	r^2	EBV	r^2	EBV	r^2
57	41312117	115.29	-0.13	0.47	-0.01	0.48	0.06	0.49	0.07	0.50
58	41214104*	114.46	-0.32	0.44	0.00	0.44	0.04	0.45	0.10	0.47
59	41214011	114.29	-0.17	0.45	-0.01	0.45	0.04	0.46	0.10	0.48
60	41113150*	113.94	-1.45	0.44	0.02	0.45	0.09	0.46	0.11	0.48
61	65117701	113.92	-0.41	0.44	0.09	0.44	0.02	0.49	0.00	0.51
62	21109513	113.16	0.35	0.06	0.02	0.02	0.03	0.06	0.00	0.06
63	11116307	113.13	-0.30	0.44	-0.04	0.03	0.09	0.04	0.07	0.47
64	21108565	112.74	0.20	0.03	0.02	0.05	0.04	0.05	0.01	0.05
65	11108019	110.52	1.53	0.43	-0.36	0.44	0.27	0.45	0.04	0.47
66	41312125	110.09	0.05	0.44	-0.02	0.44	0.00	0.45	0.12	0.47
67	41213004*	109.02	0.66	0.44	-0.05	0.47	0.05	0.48	0.02	0.50
68	41214103*	108.72	-0.39	0.44	-0.04	0.44	0.04	0.45	0.13	0.47
69	41214102	107.04	-0.19	0.44	0.00	0.47	0.02	0.48	0.06	0.50
70	22210111*	106.42	-0.55	0.14	0.05	0.48	-0.07	0.49	0.16	0.50
71	21108566	106.37	0.10	0.01	0.01	0.01	0.02	0.01	0.00	0.01
72	41215109	106.03	-0.43	0.44	0.01	0.44	0.00	0.45	0.10	0.47
73	15214501	105.40	-0.08	0.44	0.15	0.44	-0.08	0.45	-0.04	0.47
74	22208147*	104.54	0.22	0.46	0.10	0.06	-0.03	0.48	-0.08	0.49
75	41412007	101.96	-0.39	0.50	0.22	0.50	-0.11	0.51	-0.09	0.53
76	14114728	101.78	-0.58	0.44	-0.03	0.03	0.08	0.45	0.00	0.47
77	41414027	101.41	-0.03	0.47	0.13	0.47	-0.06	0.48	-0.09	0.49
78	41116152	101.40	0.72	0.43	0.00	0.45	0.11	0.46	-0.25	0.48
79	11111303	101.09	1.51	0.44	-0.12	0.44	0.16	0.45	-0.25	0.47
80	41408001	100.82	0.53	0.50	0.08	0.51	-0.09	0.52	-0.03	0.53
81	41315233	100.44	-0.07	0.46	0.03	0.46	-0.14	0.47	0.21	0.49
82	15110717*	99.81	-0.04	0.03	0.03	0.03	-0.01	0.03	-0.02	0.03
83	15110784*	98.84	-0.07	0.04	0.03	0.04	-0.02	0.04	-0.03	0.04
84	62113081	98.62	-0.85	0.43	-0.21	0.43	0.22	0.44	0.04	0.46

（续）

序号	牛号	CBI	体型外貌评分		7～12月龄日增重		13～18月龄日增重		19～24月龄日增重	
			EBV	r^2	EBV	r^2	EBV	r^2	EBV	r^2
85	41416038	98.05	0.16	0.48	0.04	0.48	-0.01	0.49	-0.08	0.51
86	41115156	98.02	-0.10	0.43	0.04	0.43	-0.10	0.44	0.11	0.46
87	41411004	97.61	-0.81	0.50	0.06	0.51	0.03	0.52	-0.07	0.53
88	22208150*	96.87	0.18	0.45	0.04	0.08	0.03	0.47	-0.17	0.49
89	62110047	96.73	-0.30	0.46	-0.01	0.47	0.04	0.48	-0.06	0.49
90	21115505	96.69	-0.53	0.44	0.09	0.45	-0.01	0.46	-0.10	0.47
91	22208144*	96.68	-0.05	0.44	0.02	0.02	0.03	0.46	-0.12	0.48
92	41215105*	96.60	-0.50	0.44	-0.02	0.44	0.00	0.45	0.06	0.47
93	41415029	96.46	-0.12	0.49	0.10	0.49	0.01	0.50	-0.21	0.51
94	41412009	96.25	-0.42	0.46	0.04	0.47	0.07	0.48	-0.17	0.49
95	15410812	96.19	-0.06	0.43	0.09	0.43	-0.04	0.44	-0.10	0.46
96	15410787	95.83	-0.25	0.46	0.11	0.46	-0.06	0.47	-0.09	0.49
97	41317047	95.65	-1.71	0.45	0.08	0.45	-0.06	0.46	0.12	0.48
98	41415031	95.56	0.83	0.49	0.05	0.49	-0.02	0.50	-0.19	0.52
99	41415030	95.53	-0.25	0.49	0.16	0.49	-0.08	0.50	-0.13	0.51
100	22211123*	94.82	0.67	0.44	-0.01	0.03	-0.03	0.45	-0.05	0.47
101	42109106*	94.67	-0.68	0.43	0.04	0.43	-0.12	0.44	0.17	0.46
102	22113027	94.33	-0.52	0.10	0.04	0.48	-0.02	0.49	-0.01	0.50
103	15410719	93.05	-0.34	0.43	0.08	0.43	-0.05	0.44	-0.07	0.46
104	15110806*	90.85	-0.07	0.02	-0.02	0.02	0.00	0.02	-0.04	0.03
105	65112701	90.24	-1.40	0.47	0.05	0.47	0.02	0.48	-0.05	0.50
106	65110712	90.17	-0.50	0.44	0.01	0.50	0.01	0.49	-0.07	0.50
107	22212809	89.67	-0.82	0.43	0.00	0.01	0.04	0.45	-0.08	0.46
108	42113079	89.62	0.41	0.48	-0.02	0.48	-0.05	0.49	-0.03	0.51
109	41215108*	89.55	-1.73	0.44	-0.03	0.44	0.03	0.45	0.08	0.47
110	41414026	89.24	-0.57	0.47	0.16	0.47	-0.08	0.48	-0.16	0.49
111	42109102	87.31	-0.77	0.43	0.02	0.43	-0.23	0.44	0.33	0.46
112	22208148*	86.79	0.22	0.45	-0.04	0.45	0.04	0.09	-0.15	0.49
113	21114503	86.63	-0.87	0.43	0.06	0.44	0.01	0.45	-0.15	0.46

（续）

序号	牛号	CBI	体型外貌评分		7~12 月龄日增重		13~18 月龄日增重		19~24 月龄日增重	
			EBV	r²	EBV	r²	EBV	r²	EBV	r²
△	65114704									
114	41416037	85.76	-0.18	0.49	0.00	0.49	0.00	0.50	-0.12	0.52
115	15410813	85.11	-0.37	0.43	0.10	0.43	-0.09	0.44	-0.10	0.46
116	13116767	85.04	-2.42	0.50	0.07	0.50	0.08	0.51	-0.12	0.53
117	41409016*	84.40	-0.03	0.48	0.09	0.49	-0.11	0.50	-0.09	0.52
118	15214623	84.23	-1.59	0.47	0.15	0.48	-0.11	0.49	-0.02	0.51
119	41407008*	83.35	1.66	0.46	-0.09	0.47	-0.04	0.48	-0.12	0.49
120	42113078	83.07	0.23	0.44	-0.11	0.45	-0.02	0.46	0.04	0.48
121	65114702	82.96	-0.58	0.12	0.09	0.47	-0.16	0.48	0.04	0.50
122	41412010	82.63	-0.69	0.48	0.10	0.48	-0.07	0.50	-0.13	0.51
123	41414024	82.60	-0.52	0.48	0.14	0.49	-0.10	0.50	-0.17	0.51
124	41414015	81.05	-0.94	0.50	0.22	0.50	-0.11	0.51	-0.25	0.53
125	15410811	80.66	-0.21	0.44	0.05	0.44	-0.07	0.45	-0.11	0.47
126	13113757*	79.93	-0.78	0.43	-0.10	0.43	0.00	0.44	0.06	0.46
127	22116083	78.39	0.20	0.44	-0.06	0.45	-0.01	0.46	-0.13	0.48
128	22215921	78.36	-0.42	0.44	0.01	0.44	-0.06	0.04	-0.05	0.04
129	65114703	76.79	-0.25	0.11	0.02	0.47	-0.10	0.48	-0.05	0.50
130	15410716	76.49	-0.18	0.44	0.02	0.44	-0.08	0.45	-0.09	0.47
131	41316163	74.64	-1.68	0.44	-0.05	0.44	-0.01	0.45	0.05	0.47
132	22207137*	74.35	0.62	0.44	0.01	0.03	-0.11	0.46	-0.13	0.47
133	42113088	74.35	-0.25	0.44	-0.05	0.44	-0.04	0.45	-0.06	0.47
134	41409069	73.71	-0.36	0.43	0.06	0.43	-0.13	0.44	-0.07	0.46
135	13110213*	71.48	-1.07	0.43	-0.08	0.46	0.06	0.47	-0.12	0.48
136	41409022	70.22	-1.13	0.49	0.05	0.50	-0.11	0.51	-0.04	0.53
137	41414016*	70.13	-0.92	0.49	0.06	0.50	-0.06	0.51	-0.17	0.52
138	42109110*	70.13	-0.98	0.43	0.02	0.43	-0.29	0.44	0.30	0.46
139	41413075	67.22	-0.41	0.48	-0.10	0.48	0.01	0.49	-0.13	0.51
140	41415032	66.61	0.97	0.43	-0.11	0.43	0.01	0.44	-0.27	0.46

（续）

序号	牛号	CBI	体型外貌评分		7~12 月龄日增重		13~18 月龄日增重		19~24 月龄日增重	
			EBV	r^2	EBV	r^2	EBV	r^2	EBV	r^2
141	13116759	65.00	-3.12	0.53	0.21	0.54	-0.02	0.54	-0.29	0.56
142	15406219	64.82	-0.86	0.45	0.08	0.45	-0.30	0.47	0.16	0.48
143	41412056	64.64	-0.28	0.44	-0.02	0.45	-0.05	0.46	-0.19	0.47
144	41416036	64.27	-0.10	0.47	-0.04	0.48	-0.10	0.49	-0.08	0.50
145	22207136*	62.18	-0.08	0.44	0.01	0.03	-0.09	0.46	-0.21	0.47
146	42113083	58.24	0.08	0.47	-0.15	0.47	-0.05	0.48	-0.07	0.50
147	41413076	57.13	-0.73	0.47	-0.13	0.47	0.04	0.48	-0.18	0.50
148	13114743	50.07	-2.62	0.48	-0.01	0.49	0.01	0.50	-0.17	0.52
149	22314047	49.49	-0.32	0.04	-0.06	0.07	-0.14	0.07	-0.11	0.07
150	22311103	49.41	-0.92	0.46	0.04	0.08	-0.11	0.47	-0.25	0.49
151	42113086	48.23	-0.45	0.47	-0.13	0.47	-0.14	0.48	0.03	0.49
152	15406215	37.59	-0.04	0.44	0.05	0.43	-0.35	0.46	-0.06	0.47
153	13114745	35.94	-3.24	0.53	-0.09	0.53	0.11	0.54	-0.29	0.56
154	22216199	30.26	-0.74	0.44	-0.01	0.45	-0.08	0.46	-0.43	0.47
155	22315115	27.53	-0.06	0.45	0.00	0.44	-0.19	0.46	-0.35	0.47
156	22117201	16.45	-0.76	0.49	-0.05	0.50	-0.23	0.50	-0.22	0.52
157	22315075	0.73	-1.72	0.48	0.04	0.49	-0.30	0.50	-0.30	0.52
158	22312041	-2.63	-1.00	0.46	-0.05	0.48	-0.30	0.49	-0.26	0.51
以下种公牛部分性状测定数据缺失，只发布数据完整性状的估计育种值										
159	14114721		0.46	0.44	—	—	0.17	0.45	-0.03	0.47
160	14115127		2.43	0.47	—	—	—	—	0.32	0.50
161	14115129		1.78	0.47	—	—	—	—	0.37	0.50
162	14115322		2.09	0.43	—	—	—	—	-0.05	0.46
163	14116021		1.79	0.46	—	—	—	—	0.17	0.12
164	22209177*		—	—	0.27	0.43	0.01	0.44	0.07	0.46
165	22211099		0.33	0.43	-0.10	0.43	—	—	0.04	0.46
166	22215114		-1.04	0.43	0.02	0.43	—	—	—	—
167	41107105*		—	—	-0.08	0.45	-0.07	0.46	-0.01	0.48

（续）

序号	牛号	CBI	体型外貌评分		7~12月龄日增重		13~18月龄日增重		19~24月龄日增重	
			EBV	r^2	EBV	r^2	EBV	r^2	EBV	r^2
168	41107119*		—	—	-0.12	0.46	-0.03	0.46	0.01	0.48
169	22317061	—	-8.06	0.43	—	—	-0.01	—	—	—

＊ 表示该牛已经不在群，但有库存冻精。

△ 表示上一行牛的曾用牛号。

— 表示该表型值缺失，且无法根据系谱信息估计出育种值。

（续）

4.8 安格斯牛

表4-8-1 安格斯牛估计育种值排名参考表

项目	体型外貌评分	7~12月龄日增重	13~18月龄日增重	19~24月龄日增重	CBI
排名百分位					
1%	2.95 (2.93~2.97)	0.31 (0.31~0.31)	0.36 (0.33~0.38)	0.4 (0.4~0.4)	170.5 (164.26~176.74)
5%	2.56 (2.15~2.97)	0.23 (0.17~0.31)	0.25 (0.14~0.38)	0.32 (0.24~0.4)	154.37 (143.23~176.74)
10%	2.3 (1.76~2.97)	0.2 (0.15~0.31)	0.18 (0.1~0.38)	0.25 (0.16~0.4)	147.17 (136.02~176.74)
20%	1.84 (1.11~2.97)	0.15 (0.1~0.31)	0.14 (0.07~0.38)	0.19 (0.11~0.4)	138.27 (122.59~176.74)
30%	1.47 (0.47~2.97)	0.14 (0.08~0.31)	0.11 (0.05~0.38)	0.16 (0.08~0.4)	131.25 (114.54~176.74)
50%	0.94 (-0.19~2.97)	0.1 (0.04~0.31)	0.06 (0~0.38)	0.11 (0.02~0.4)	122.28 (103.39~176.74)
100%	-0.01 (-2.53~2.97)	0.02 (-0.37~0.31)	-0.01 (-0.27~0.38)	0.01 (-0.27~0.4)	100.55 (5.9~176.74)
公牛数量（头）	156	150	151	151	145

表4-8-2　安格斯牛估计育种值

序号	牛号	CBI	体型外貌评分		7~12月龄日增重		13~18月龄日增重		19~24月龄日增重	
			EBV	r²	EBV	r²	EBV	r²	EBV	r²
1	22211096	176.74	2.13	0.43	0.24	0.43	0.02	0.44	0.06	0.46
2	41113632	164.26	1.76	0.42	0.09	0.43	0.08	0.44	0.13	0.46
3	22210130	162.31	0.79	0.45	0.23	0.45	0.04	0.46	0.07	0.48
4	13217033	149.66	0.29	0.43	0.03	0.43	0.31	0.44	-0.15	0.46
5	22210129*	147.38	-0.31	0.46	0.24	0.46	0.01	0.48	0.08	0.46
6	15516A02	145.76	0.30	0.46	0.15	0.46	0.04	0.47	0.09	0.49
7	41417663	145.63	0.25	0.44	0.11	0.45	0.11	0.46	0.04	0.47
8	41113630	143.23	0.71	0.43	0.11	0.44	0.02	0.45	0.11	0.47
9	21216030	142.30	2.15	0.44	0.04	0.45	-0.05	0.46	0.18	0.47
10	41112640	139.73	2.93	0.44	-0.04	0.45	0.01	0.46	0.09	0.47
11	13217099	139.65	-0.57	0.43	0.02	0.43	0.33	0.44	-0.16	0.46
12	41209022*	138.90	1.16	0.43	0.05	0.43	-0.02	0.44	0.20	0.46
13	13217068	138.81	-0.56	0.43	0.04	0.43	0.31	0.44	-0.18	0.46
14	65116466	137.21	1.13	0.45	0.07	0.46	0.04	0.47	0.05	0.48
15	21216024	136.02	2.97	0.47	0.06	0.47	-0.11	0.48	0.11	0.50
16	41112634	134.55	2.11	0.44	-0.05	0.45	0.00	0.46	0.16	0.47
17	11100095*	134.02	-0.53	0.34	0.07	0.51	0.14	0.51	0.04	0.41
18	63113005	132.65	1.61	0.45	-0.08	0.08	0.01	0.10	0.24	0.48
19	41416619	132.46	0.94	0.49	0.14	0.51	0.00	0.52	-0.01	0.53
20	53110265	130.60	0.42	0.44	0.17	0.44	0.02	0.03	-0.07	0.05
21	15212416	130.17	-0.57	0.42	0.13	0.43	0.09	0.45	-0.01	0.46
22	65116467	129.79	1.49	0.17	0.04	0.49	0.00	0.49	0.04	0.50
23	65116468	129.31	0.95	0.09	0.05	0.46	0.01	0.47	0.08	0.48
24	65116470*	127.64	-0.26	0.09	0.02	0.47	0.14	0.48	0.02	0.10
25	65110410	126.10	-0.57	0.46	0.03	0.46	0.07	0.48	0.14	0.49
26	13115002	125.37	-0.13	0.48	0.01	0.49	0.09	0.50	0.09	0.51
27	41212117	124.08	1.63	0.43	-0.04	0.43	0.00	0.44	0.11	0.46
28	41211419	122.99	1.11	0.43	-0.06	0.43	0.05	0.44	0.10	0.46

（续）

序号	牛号	CBI	体型外貌评分		7~12 月龄日增重		13~18 月龄日增重		19~24 月龄日增重	
			EBV	r^2	EBV	r^2	EBV	r^2	EBV	r^2
29	15516A07*	122.59	1.49	0.17	0.01	0.22	0.00	0.22	0.03	0.21
30	65116463	122.49	0.60	0.44	0.06	0.45	0.00	0.46	0.05	0.47
31	22215901	120.58	-0.46	0.44	-0.02	0.44	0.12	0.46	0.07	0.47
32	15516A05	120.29	1.66	0.49	0.05	0.49	-0.05	0.50	0.01	0.51
33	65116469	119.04	-0.46	0.45	0.07	0.47	0.04	0.48	0.04	0.48
34	53116356	118.46	0.74	0.46	-0.08	0.48	0.03	0.49	0.16	0.51
35	15516A03	118.15	0.28	0.46	0.05	0.46	0.01	0.47	0.03	0.49
36	15516A06	117.69	1.66	0.49	0.05	0.49	-0.04	0.50	-0.03	0.51
37	21214002	117.33	1.64	0.47	0.03	0.47	-0.08	0.48	0.07	0.50
38	53115346	117.10	-0.82	0.49	0.11	0.51	0.05	0.52	-0.02	0.53
39	65116464	116.67	-0.40	0.45	0.07	0.47	0.06	0.48	-0.01	0.48
40	13116004	116.36	0.22	0.44	0.05	0.44	0.12	0.45	-0.15	0.47
41	65110407	115.89	-0.26	0.42	-0.02	0.43	0.06	0.44	0.12	0.46
42	65110405	115.78	-0.66	0.43	-0.06	0.43	0.13	0.45	0.10	0.46
43	21217014	114.75	1.53	0.44	-0.07	0.44	0.06	0.46	-0.02	0.47
44	15516A04	114.54	1.38	0.49	0.09	0.49	-0.09	0.50	0.00	0.51
45	65110403	114.53	-0.93	0.45	0.04	0.46	0.06	0.48	0.07	0.49
46	41112628*	114.42	-1.21	0.43	0.12	0.46	0.02	0.47	0.04	0.48
47	14112053*	113.32	-0.01	0.44	-0.12	0.44	0.15	0.45	0.06	0.47
48	11116357	112.50	-2.25	0.48	0.08	0.48	-0.09	0.49	0.40	0.51
49	11116355	112.16	-2.00	0.46	0.13	0.46	-0.13	0.47	0.35	0.49
50	41413622	112.15	-0.08	0.43	0.02	0.43	0.13	0.44	-0.14	0.46
51	53101142*	110.95	1.22	0.44	-0.02	0.19	-0.07	0.20	0.13	0.48
52	65112411	110.63	-0.92	0.44	0.31	0.44	-0.05	0.48	-0.21	0.47
53	65114416	109.66	-0.93	0.46	0.20	0.47	-0.11	0.49	0.06	0.50
54	21216021	109.13	1.91	0.46	-0.17	0.47	-0.02	0.48	0.19	0.50
55	21214004	108.88	1.99	0.48	-0.10	0.47	-0.06	0.49	0.12	0.51
56	41115676	107.77	-0.75	0.44	0.16	0.44	-0.03	0.03	-0.05	0.03
57	41207222*	107.73	0.91	0.43	-0.08	0.44	0.00	0.45	0.11	0.46

（续）

序号	牛号	CBI	体型外貌评分		7~12月龄日增重		13~18月龄日增重		19~24月龄日增重	
			EBV	r²	EBV	r²	EBV	r²	EBV	r²
58	41417662	107.70	-0.19	0.49	0.09	0.51	0.06	0.52	-0.15	0.53
59	41212515*	107.29	1.33	0.46	-0.12	0.46	0.01	0.47	0.08	0.49
60	22215907	107.13	-0.09	0.45	0.06	0.45	-0.10	0.46	0.15	0.48
61	41209127*	106.88	0.45	0.43	-0.07	0.43	0.03	0.44	0.09	0.46
62	34107021	106.82	0.43	0.02	-0.01	0.02	0.00	0.02	0.03	0.02
63	21217025	106.75	2.47	0.44	0.00	0.45	-0.12	0.46	0.00	0.08
64	15113098*	106.07	-0.04	0.11	0.01	0.11	0.07	0.11	-0.07	0.11
65	41115672	106.04	-0.47	0.45	0.16	0.45	-0.09	0.46	0.01	0.47
66	15516A01	105.18	1.92	0.46	-0.01	0.49	-0.09	0.49	0.02	0.50
67	21216023	104.92	2.79	0.48	-0.19	0.47	-0.05	0.49	0.14	0.51
68	41413620	104.40	-0.52	0.43	0.04	0.43	0.10	0.44	-0.13	0.46
69	53116355	104.24	-1.21	0.45	-0.01	0.45	0.07	0.47	0.06	0.48
70	65117402	104.21	-1.39	0.45	0.11	0.46	0.01	0.47	0.01	0.49
71	22215903	104.17	-0.12	0.45	0.00	0.45	-0.01	0.46	0.07	0.48
72	65116465	103.39	-0.49	0.47	0.09	0.48	-0.05	0.48	0.03	0.50
73	41413619	102.53	-0.31	0.45	0.05	0.45	0.08	0.46	-0.15	0.48
74	41416618	102.29	0.29	0.44	0.07	0.46	0.04	0.47	-0.20	0.48
75	41215801	101.84	0.26	0.44	0.07	0.44	-0.05	0.45	-0.04	0.47
76	34112039	101.80	-0.96	0.43	0.08	0.43	0.02	0.44	-0.03	0.46
77	41115674	101.74	-0.83	0.45	0.16	0.45	-0.06	0.07	-0.03	0.05
78	21217010	101.61	2.36	0.48	-0.04	0.48	-0.09	0.49	-0.04	0.49
79	15214116	100.97	-1.47	0.43	0.14	0.43	-0.06	0.44	0.06	0.46
80	41412615	99.72	-0.52	0.43	0.04	0.43	0.05	0.44	-0.09	0.46
81	41413621	99.33	-0.26	0.43	0.01	0.43	0.08	0.44	-0.14	0.46
82	41215805	98.73	0.79	0.46	-0.10	0.46	0.00	0.47	0.07	0.49
83	11116359	98.45	-2.53	0.48	0.09	0.48	-0.13	0.49	0.34	0.51
84	65110408	98.36	-0.63	0.48	0.08	0.58	-0.06	0.59	0.03	0.60
85	15509A66	98.13	1.03	0.44	-0.01	0.05	-0.04	0.05	-0.05	0.05

（续）

（续）

序号	牛号	CBI	体型外貌评分		7～12月龄日增重		13～18月龄日增重		19～24月龄日增重	
			EBV	r^2	EBV	r^2	EBV	r^2	EBV	r^2
86	11116356	97.75	-2.51	0.48	0.09	0.50	-0.10	0.51	0.28	0.52
87	22215905	97.08	0.04	0.45	0.04	0.48	-0.03	0.49	-0.04	0.51
88	34113057	96.34	-0.17	0.03	0.02	0.04	-0.01	0.03	-0.03	0.03
89	11116358	96.07	-2.22	0.48	0.10	0.50	-0.15	0.51	0.32	0.52
90	13113012	96.00	-0.07	0.45	0.11	0.45	0.01	0.46	-0.23	0.48
91	13113014*	95.14	0.47	0.43	0.01	0.43	-0.01	0.44	-0.10	0.46
92	15514A79*	94.36	2.12	0.45	-0.17	0.45	-0.05	0.46	0.08	0.48
93	34113067	93.99	-1.04	0.43	0.02	0.03	0.00	0.03	0.02	0.46
94	11111353*	93.49	1.23	0.44	-0.37	0.44	0.38	0.45	-0.27	0.47
95	34114001	93.04	-0.77	0.42	0.06	0.46	-0.01	0.11	-0.06	0.11
96	41117662	92.79	-0.27	0.44	0.08	0.45	-0.07	0.46	-0.04	0.05
97	34107047	91.82	-0.52	0.11	0.04	0.17	-0.01	0.11	-0.06	0.12
98	41412616	91.23	-0.94	0.43	0.01	0.43	0.06	0.44	-0.09	0.46
99	41215802	90.59	-0.11	0.44	0.07	0.44	-0.07	0.45	-0.07	0.47
100	13113016	90.31	-0.22	0.45	0.04	0.45	-0.01	0.46	-0.12	0.48
101	15210316	88.24	-0.73	0.42	0.04	0.43	-0.21	0.44	0.27	0.46
102	34109040	87.89	-1.29	0.42	0.00	0.43	-0.04	0.44	0.11	0.45
103	41115684	87.45	-0.82	0.45	0.15	0.45	-0.14	0.46	-0.03	0.05
104	65117404	87.24	-1.64	0.43	0.12	0.43	-0.04	0.47	-0.07	0.46
105	41409606	86.97	-0.55	0.43	0.00	0.43	-0.02	0.44	-0.03	0.46
106	65117401	86.51	-1.96	0.45	0.00	0.46	0.05	0.47	0.01	0.49
107	15113083*	85.21	0.33	0.06	-0.13	0.07	0.05	0.07	-0.05	0.07
108	65115451	82.49	0.60	0.46	-0.03	0.44	-0.09	0.45	-0.03	0.49
109	41116602	81.58	0.25	0.46	0.05	0.47	-0.04	0.48	-0.22	0.50
110	65113412	81.21	-0.80	0.12	-0.04	0.48	0.05	0.49	-0.11	0.50
111	37410011*	80.40	-0.40	0.03	-0.06	0.44	0.04	0.45	-0.12	0.47
112	65114414	80.15	-0.39	0.13	0.03	0.47	-0.10	0.48	-0.03	0.49
113	11115360	79.76	-0.35	0.43	-0.01	0.43	-0.13	0.44	0.09	0.46
114	65114417	79.35	-0.32	0.12	0.04	0.47	-0.07	0.48	-0.11	0.49

（续）

序号	牛号	CBI	体型外貌 评分		7～12 月龄 日增重		13～18 月龄 日增重		19～24 月龄 日增重	
			EBV	r²	EBV	r²	EBV	r²	EBV	r²
115	65115456	79.27	-0.10	0.46	0.05	0.52	-0.11	0.53	-0.07	0.54
116	37410006*	78.58	-1.38	0.44	-0.02	0.44	0.08	0.44	-0.15	0.46
117	65115453	77.42	0.50	0.46	-0.03	0.44	-0.10	0.45	-0.06	0.49
118	22116087	76.31	0.21	0.45	-0.08	0.08	0.07	0.47	-0.25	0.48
119	21214003	74.85	0.42	0.42	-0.18	0.43	-0.04	0.44	0.07	0.46
120	37410009*	74.52	-1.60	0.42	-0.03	0.43	0.06	0.45	-0.12	0.46
121	37410004	73.50	-1.69	0.43	-0.03	0.43	0.05	0.44	-0.10	0.46
122	41115686	72.98	-0.74	0.44	0.14	0.44	-0.12	0.44	-0.19	0.46
123	37410003	70.88	-1.71	0.43	-0.02	0.43	0.02	0.44	-0.08	0.46
124	65115461*	70.45	-0.77	0.17	0.01	0.52	-0.07	0.53	-0.09	0.54
125	65115419	69.79	-0.51	0.47	0.02	0.48	-0.09	0.50	-0.10	0.51
126	41110616	69.06	0.55	0.42	-0.10	0.44	-0.04	0.45	-0.13	0.47
127	13114007	68.78	-2.02	0.48	-0.01	0.48	-0.05	0.49	0.05	0.51
128	43110069	68.66	0.29	0.44	-0.20	0.45	0.02	0.47	-0.03	0.48
129	65115454	68.64	0.23	0.44	-0.02	0.44	-0.09	0.45	-0.14	0.47
130	65115462*	67.08	-0.77	0.17	0.03	0.52	-0.12	0.53	-0.06	0.54
131	41115682	66.58	-0.82	0.45	0.14	0.45	-0.16	0.46	-0.18	0.47
132	11100061*	66.03	0.41	0.25	-0.36	0.42	0.10	0.42	0.03	0.33
133	13114009	65.67	-1.43	0.48	0.01	0.48	-0.13	0.49	0.04	0.51
134	37410010	63.60	-1.60	0.42	-0.08	0.44	0.05	0.45	-0.11	0.47
135	65113413	63.58	-1.14	0.44	0.07	0.45	-0.07	0.49	-0.21	0.48
136	15514A49*	63.19	-0.53	0.43	-0.19	0.43	-0.09	0.44	0.18	0.46
137	65115459*	62.40	-0.77	0.17	0.00	0.52	-0.13	0.53	-0.06	0.54
138	11115361	61.60	-1.46	0.43	0.04	0.43	-0.21	0.44	0.10	0.46
139	65115452	61.55	-0.14	0.44	-0.04	0.44	-0.09	0.45	-0.13	0.47
140	13114001	58.46	-0.56	0.44	0.03	0.45	-0.27	0.46	0.09	0.47
141	43109068	38.63	-2.20	0.43	-0.17	0.43	0.01	0.44	-0.07	0.46
142	43110071	30.86	-0.27	0.43	-0.09	0.43	-0.23	0.44	-0.08	0.46

（续）

序号	牛号	CBI	体型外貌评分		7~12 月龄日增重		13~18 月龄日增重		19~24 月龄日增重	
			EBV	r^2	EBV	r^2	EBV	r^2	EBV	r^2
143	43108045	10.60	-1.38	0.44	-0.22	0.44	-0.05	0.45	-0.25	0.47
144	43107044	6.52	-2.48	0.43	-0.23	0.44	-0.11	0.45	-0.04	0.47
145	43108046	5.90	-2.29	0.44	-0.22	0.45	-0.02	0.46	-0.25	0.47
以下种公牛部分性状测定数据缺失，只发布数据完整性状的估计育种值										
146	21217018		2.16	0.42	-0.02	0.43	-0.12	0.44	—	—
147	14109531*		0.73	0.42	—	—	—	—	—	—
148	14114013*		1.04	0.44	—	—	—	—	0.14	0.47
149	22111094		0.66	0.43	—	—	—	—	0.08	0.46
150	22310128		-0.01	0.42	—	—	—	—	—	—
151	34107037		—	—	0.03	0.01	0.00	0.01	0.04	0.01
152	34107062		-0.51	0.11	—	—	—	—	0.01	0.12
153	41115678		-0.76	0.44	0.12	0.44	-0.11	0.44	—	—
154	41115680		-0.76	0.44	0.14	0.44	-0.03	0.03	—	—
155	41115688		-0.38	0.44	0.14	0.44	-0.03	0.03	—	—
156	53101143*		1.23	0.35	—	—	—	—	0.20	0.41
157	15216314		2.69	0.43	—	—	0.05	0.44	0.35	0.46

＊ 表示该牛已经不在群，但有库存冻精。

— 表示该表型值缺失，且无法根据系谱信息估计出育种值。

4.9 利木赞牛

表4-9-1 利木赞牛估计育种值排名参考表

项目	体型外貌评分	7~12月龄日增重	13~18月龄日增重	19~24月龄日增重	CBI
排名百分位					
1%	2.3 (2.2~2.4)	0.36 (0.33~0.39)	0.36 (0.32~0.4)	0.26 (0.26~0.27)	190.82 (188.14~193.51)
5%	1.92 (1.52~2.4)	0.31 (0.22~0.39)	0.28 (0.23~0.4)	0.24 (0.2~0.27)	176.78 (167.43~193.51)
10%	1.72 (1.43~2.4)	0.24 (0.2~0.39)	0.24 (0.15~0.4)	0.21 (0.18~0.27)	170.76 (159.4~193.51)
20%	1.5 (0.97~2.4)	0.19 (0.13~0.39)	0.18 (0.09~0.4)	0.19 (0.16~0.27)	162.85 (147.84~193.51)
30%	1.28 (0.72~2.4)	0.16 (0.1~0.39)	0.14 (0.07~0.4)	0.17 (0.12~0.27)	156.52 (139.78~193.51)
50%	0.93 (-0.02~2.4)	0.13 (0.05~0.39)	0.11 (0.05~0.4)	0.13 (0.06~0.27)	147.11 (123.15~193.51)
100%	0.1 (-2.39~2.4)	0.02 (-0.42~0.39)	0.02 (-0.31~0.4)	0.02 (-0.34~0.27)	110.45 (6.49~193.51)
公牛数量（头）	109	110	111	113	105

表 4-9-2 利木赞牛估计育种值

序号	牛号	CBI	体型外貌评分		7~12 月龄日增重		13~18 月龄日增重		19~24 月龄日增重	
			EBV	r²	EBV	r²	EBV	r²	EBV	r²
1	37114173	193.51	1.52	0.43	0.33	0.43	0.23	0.44	-0.22	0.46
2	37115174	188.14	-0.79	0.43	0.39	0.43	0.22	0.44	-0.1	0.46
3	41113316	172.14	2.4	0.44	0.05	0.44	0.04	0.45	0.26	0.47
4	41215613	171.58	1.41	0.46	0.15	0.46	0.07	0.47	0.16	0.49
△	65115222									
5	41215615	167.88	1.42	0.46	0.15	0.46	0.05	0.47	0.16	0.49
△	64115225									
6	41215603	167.43	0.36	0.46	0.16	0.46	0.04	0.47	0.27	0.49
△	64115212									
7	41215617	167.24	1.50	0.46	0.15	0.46	0.04	0.47	0.15	0.49
△	64115230									
8	41207427	165.37	-0.06	0.05	0.21	0.45	0.06	0.46	0.19	0.47
△	64107424									
9	41416209	164.36	0.86	0.49	0.19	0.5	0.07	0.51	0.10	0.52
10	41215618	161.26	0.73	0.46	0.12	0.46	0.07	0.47	0.18	0.49
△	64115231*									
11	41215616	159.4	1.11	0.46	0.1	0.46	0.06	0.47	0.17	0.49
△	64115228									
12	41215621	158.99	0.43	0.46	0.15	0.46	0.04	0.47	0.20	0.49
△	64115236*									
13	41416210	158.28	0.68	0.49	0.21	0.5	0	0.51	0.14	0.52
14	41215622	156.78	0.39	0.46	0.14	0.46	0.05	0.47	0.19	0.49
△	64115239*									
15	41215611	156.69	1.47	0.44	0.04	0.44	0.05	0.45	0.24	0.47
△	65115920									
16	41215620	154.92	0.79	0.46	0.10	0.46	0.06	0.47	0.17	0.49
△	64115235									
17	65110903	152.94	-0.67	0.46	-0.06	0.46	0.32	0.48	0.12	0.49
18	41215602	152.38	0.3	0.46	0.12	0.46	0.06	0.47	0.16	0.49

（续）

序号	牛号	CBI	体型外貌评分		7～12月龄日增重		13～18月龄日增重		19～24月龄日增重	
			EBV	r²	EBV	r²	EBV	r²	EBV	r²
△	64115209*									
19	41215605	152.05	0.03	0.46	0.13	0.46	0.07	0.47	0.16	0.49
△	64115216*									
20	41315614	150.64	1.65	0.46	0.21	0.46	-0.09	0.47	0.11	0.49
21	37113187	147.84	2.2	0.47	-0.06	0.47	0.21	0.48	-0.05	0.5
22	41215609	147.81	1.39	0.44	0.03	0.44	0.03	0.45	0.19	0.47
△	61515918									
23	41215604	147.63	-0.41	0.46	0.12	0.46	0.06	0.47	0.2	0.49
△	54115213*									
24	41215607	146.77	0.37	0.46	0.13	0.46	0.07	0.47	0.07	0.49
△	64115219*									
25	65110901	146.67	-0.64	0.44	0.2	0.43	0.07	0.44	0.07	0.47
26	41115332	144.93	0.51	0.46	0.06	0.47	0.07	0.48	0.16	0.49
27	41115338	144.58	-0.3	0.49	0.09	0.49	0.11	0.5	0.12	0.52
28	41215608	144	1.39	0.44	0	0.44	0.06	0.45	0.16	0.47
△	65115917									
29	37114172	143.67	-1.89	0.43	0.22	0.43	0.25	0.44	-0.17	0.46
30	37114171	141.54	-1.89	0.43	0.21	0.43	0.24	0.44	-0.14	0.46
31	65116923	141.45	-0.05	0.46	0.04	0.46	0.12	0.48	0.12	0.49
32	41215606	139.78	-0.33	0.46	0.12	0.46	0.06	0.47	0.12	0.49
△	64115218*									
33	65110908	139.15	-0.85	0.43	0.06	0.52	0.15	0.51	0.1	0.49
34	65110904	136.97	-0.91	0.43	0.06	0.43	0.17	0.44	0.06	0.46
35	41315619	136.88	1.34	0.43	0.19	0.43	-0.09	0.44	0.05	0.46
36	41115340	136.71	-0.58	0.49	0.06	0.49	0.11	0.5	0.14	0.52
37	41115336	135.65	-0.32	0.46	0.04	0.47	0.09	0.48	0.15	0.49
38	15212424	134.97	0.95	0.48	0.03	0.48	0.06	0.49	0.08	0.51
39	41215601	133.68	-1.1	0.44	0.11	0.45	0.06	0.46	0.15	0.47

（续）

（续）

序号	牛号	CBI	体型外貌评分		7～12月龄日增重		13～18月龄日增重		19～24月龄日增重	
			EBV	r^2	EBV	r^2	EBV	r^2	EBV	r^2
△	64115208*									
40	15212527	133.46	-0.51	0.43	0.13	0.43	0.11	0.45	-0.03	0.46
41	41416207	133.32	1.35	0.49	0.07	0.5	0.06	0.51	-0.06	0.52
42	41416208	132.85	1.39	0.43	0.07	0.43	0.09	0.44	-0.12	0.46
43	13116953	132.78	-0.05	0.43	-0.13	0.43	0.4	0.44	-0.16	0.46
44	41115334	132.59	-0.3	0.49	0.09	0.49	0.06	0.5	0.08	0.52
45	41115328	131.57	0.71	0.43	0.07	0.45	0.06	0.44	-0.01	0.46
46	41315612	130.64	0.81	0.44	0.2	0.45	-0.14	0.46	0.11	0.47
47	41113312	129.38	1.99	0.43	-0.07	0.43	0.01	0.45	0.15	0.46
48	41113314	128.71	1.77	0.46	-0.04	0.46	0.01	0.47	0.12	0.49
49	37113189	128.08	0.72	0.47	-0.08	0.47	0.2	0.48	-0.04	0.5
50	41413203	126.94	-0.13	0.49	0.1	0.5	0.05	0.51	0.03	0.52
51	41215610	123.56	1.48	0.44	0.01	0.46	-0.02	0.47	0.06	0.48
△	65115919									
52	41413202	123.15	0.6	0.49	0.05	0.5	0.04	0.51	0	0.52
53	41110314	116.62	1.43	0.43	-0.02	0.44	-0.02	0.45	0.06	0.47
54	41115330	115.68	-1.03	0.43	0.02	0.43	0.08	0.44	0.1	0.46
55	65110902	110.16	-0.97	0.52	0.14	0.56	-0.01	0.57	-0.01	0.57
56	41415206	109.95	0.69	0.49	0.05	0.5	0.02	0.51	-0.11	0.52
57	22310117	106.49	-0.94	0.44	0.05	0.03	0.02	0.03	0.06	0.47
58	41413201	105.64	-0.28	0.43	-0.02	0.43	0.09	0.44	-0.04	0.46
59	21113956	105.23	0.65	0.04	-0.05	0.04	0	0.04	0.05	0.04
60	22216109	105.15	0.77	0.47	0.1	0.47	-0.08	0.48	-0.06	0.5
61	22213007	105.07	-0.42	0.48	0.21	0.5	-0.17	0.52	0.06	0.53
62	41105303	104.84	0.89	0.41	-0.09	0.43	-0.04	0.44	0.15	0.45
63	45108283	103.31	0.7	0.11	0.01	0.11	0	0.11	-0.07	0.11
64	13116961	102.82	-1.04	0.45	-0.07	0.45	0.23	0.46	-0.14	0.48
65	65114912	102.79	-0.43	0.11	0.07	0.47	0	0.48	-0.04	0.49

（续）

序号	牛号	CBI	体型外貌评分		7~12月龄日增重		13~18月龄日增重		19~24月龄日增重	
			EBV	r²	EBV	r²	EBV	r²	EBV	r²
66	21112937	101.38	-0.07	0.04	-0.01	0.04	0.04	0.04	-0.03	0.04
67	65110907	101.28	-1.31	0.46	-0.04	0.49	0.12	0.51	0.02	0.52
68	13116959	100.96	-0.3	0.45	-0.01	0.45	0.12	0.46	-0.15	0.48
69	41109302	100.68	0.97	0.43	-0.09	0.43	0.02	0.44	0	0.46
70	41408280*	99.09	0.11	0.43	0.03	0.43	-0.01	0.44	-0.05	0.46
71	37112186	97.32	-0.4	0.43	-0.05	0.43	0.01	0.44	0.08	0.46
72	65115921	95.33	0.31	0.47	0.02	0.47	-0.06	0.48	-0.01	0.5
73	15113092*	94.86	0.24	0.08	-0.04	0.08	0.03	0.08	-0.07	0.08
74	15113099*	92.31	0.08	0.14	-0.04	0.15	0.04	0.15	-0.08	0.15
75	13116937	87.28	-1.85	0.47	0.1	0.49	0.03	0.51	-0.14	0.52
76	41413235	87.22	-0.22	0.45	-0.05	0.45	0.05	0.46	-0.1	0.48
77	65113911	83.2	-1.63	0.46	-0.01	0.47	-0.01	0.48	0.06	0.49
78	41413237	83.07	0.76	0.43	-0.06	0.43	0	0.44	-0.14	0.46
79	43115096	82.57	0.65	0.43	-0.14	0.43	0.03	0.44	-0.05	0.46
80	41408258	81.11	-0.86	0.42	-0.04	0.43	0.01	0.44	-0.03	0.46
81	41115342	78.18	-0.36	0.43	0.11	0.43	-0.03	0.44	-0.29	0.46
82	43115095	78.15	-0.16	0.43	-0.17	0.43	0.08	0.44	-0.05	0.46
83	11111321*	76.7	1.46	0.44	-0.28	0.44	-0.03	0.46	0.12	0.47
84	37109183*	76.2	-0.35	0.43	-0.03	0.43	-0.11	0.44	0.05	0.46
85	43115098	73.18	-0.59	0.43	-0.15	0.43	0.08	0.44	-0.09	0.46
86	22116071	68.79	-0.05	0.43	-0.05	0.43	-0.04	0.44	-0.13	0.46
87	65114915	67.57	-1.38	0.47	0.04	0.47	-0.09	0.48	-0.06	0.5
88	65114916	66.81	-1.63	0.47	0.06	0.47	-0.09	0.48	-0.07	0.5
89	37109182*	64.73	-1.22	0.43	-0.01	0.43	-0.1	0.44	0	0.46
90	13116957	62.16	-1.04	0.45	-0.08	0.45	0.01	0.46	-0.12	0.48
91	43115097	56.96	-0.02	0.45	-0.18	0.45	0.01	0.46	-0.13	0.48
92	22216111	55.62	-0.06	0.47	0.07	0.47	-0.11	0.48	-0.34	0.5
93	41413234	54.97	-0.53	0.43	-0.16	0.43	0.01	0.44	-0.12	0.46

（续）

序号	牛号	CBI	体型外貌评分		7~12 月龄日增重		13~18 月龄日增重		19~24 月龄日增重	
			EBV	r^2	EBV	r^2	EBV	r^2	EBV	r^2
94	22116037	49.21	0.23	0.43	-0.02	0.43	-0.31	0.45	0.06	0.46
95	11109011*	48.05	1.41	0.44	-0.36	0.44	-0.14	0.45	0.17	0.47
96	11108002*	32.57	0.91	0.44	-0.37	0.44	-0.09	0.46	0.02	0.47
97	11114325	32.48	-0.31	0.46	-0.19	0.46	-0.21	0.47	0.06	0.49
98	22315037	28.88	-1.17	0.49	0.06	0.5	-0.25	0.52	-0.21	0.53
99	11109010*	23.79	0.92	0.44	-0.42	0.44	-0.16	0.46	0.13	0.47
100	22315108	18.74	-0.37	0.45	-0.11	0.45	-0.14	0.46	-0.32	0.48
101	43108052	15.19	-2.39	0.43	-0.18	0.43	-0.07	0.44	-0.12	0.46
102	22314005	11.01	-1.54	0.48	-0.03	0.5	-0.28	0.52	-0.14	0.53
103	22315105	10.9	-0.54	0.45	-0.12	0.45	-0.16	0.46	-0.31	0.48
104	11114326	8.9	-0.15	0.43	-0.06	0.43	-0.29	0.44	-0.26	0.46
105	43108051	6.49	-1.58	0.43	-0.17	0.43	-0.22	0.44	-0.04	0.46
以下种公牛部分性状测定数据缺失，只发布数据完整性状的估计育种值										
106	22213501		-0.46	0.43	—	—	0.05	0.44	-0.06	0.46
107	22214613*		—	—	0.05	0.43	0.04	0.44	0	0.46
108	22310115		—	—	—	—	—	—	0.09	0.46
109	22310116		-0.03	0.43	—	—	—	—	0.18	0.46
110	22310121		0	0.43	—	—	—	—	-0.1	0.46
111	37109184*		—	—	-0.08	0.43	-0.12	0.44	0.06	0.46
112	37109185*		—	—	0	0.43	-0.09	0.44	-0.02	0.46
113	41109308*		—	—	0.08	0.43	0.07	0.44	0.25	0.46
114	41114326		1.03	0.43	0.02	0.43	0.02	0.44	—	—
115	11198045*		—	—	-0.13	0.42	-0.11	0.43	—	—
116	62116113		-0.59	0.43	-0.15	0.43	-0.1	0.44	—	—

* 表示该牛已经不在群，但有库存冻精。

△ 表示上一行牛的曾用牛号。

— 表示该表型值缺失，且无法根据系谱信息估计出育种值。

4.10　和牛

表4-10-1　和牛估计育种值排名参考表

项目	体型外貌评分	7~12月龄日增重	13~18月龄日增重	19~24月龄日增重	*CBI*
排名百分位					
1%	3.03 (3.03~3.03)	0.24 (0.24~0.24)	0.22 (0.22~0.22)	0.39 (0.39~0.39)	187.01 (187.01~187.01)
5%	2.59 (2.36~3.03)	0.23 (0.22~0.24)	0.22 (0.21~0.22)	0.34 (0.29~0.39)	174.82 (165.73~187.01)
10%	2.34 (1.92~3.03)	0.21 (0.19~0.24)	0.16 (0.12~0.22)	0.29 (0.22~0.39)	166.8 (155.56~187.01)
20%	1.95 (1.37~3.03)	0.19 (0.15~0.24)	0.13 (0.09~0.22)	0.25 (0.18~0.39)	157.88 (143.71~187.01)
30%	1.69 (0.84~3.03)	0.17 (0.12~0.24)	0.1 (0.06~0.22)	0.21 (0.13~0.39)	151.05 (132.03~187.01)
50%	1.27 (0.35~3.03)	0.14 (0.07~0.24)	0.08 (0.03~0.22)	0.16 (0~0.39)	139.75 (114.41~187.01)
100%	0.37 (-2.92~3.03)	0.05 (-0.17~0.24)	0.02 (-0.24~0.22)	-0.01 (-0.28~0.39)	116.76 (52.37~187.01)
公牛数量（头）	93	100	99	99	93

表4-10-2 和牛估计育种值

序号	牛号	CBI	体型外貌评分		7~12月龄日增重		13~18月龄日增重		19~24月龄日增重	
			EBV	r^2	EBV	r^2	EBV	r^2	EBV	r^2
1	34113059	187.01	-0.18	0.48	0.18	0.58	0.21	0.58	0.19	0.57
2	34111007	179.16	-0.33	0.55	0.15	0.58	0.22	0.42	0.16	0.43
3	23310864	172.78	2.52	0.44	0.19	0.45	0.14	0.46	-0.15	0.48
4	34114005	169.41	0.26	0.62	0.16	0.63	0.14	0.63	0.13	0.64
5	34115019	165.73	-0.44	0.50	0.17	0.51	0.14	0.51	0.17	0.52
6	34115025	163.61	-0.11	0.44	0.14	0.45	0.12	0.46	0.19	0.48
7	34113061	161.16	-0.16	0.48	0.10	0.48	0.12	0.49	0.23	0.51
8	34115027	157.79	-0.36	0.46	0.10	0.46	0.05	0.48	0.34	0.49
9	23311035	155.81	1.27	0.43	0.24	0.44	0.10	0.45	-0.18	0.46
10	34114015	155.56	-1.40	0.47	0.13	0.47	0.22	0.50	0.10	0.51
11	65117654	150.85	0.17	0.45	0.10	0.45	0.12	0.46	0.10	0.48
12	65117653	149.77	-0.09	0.47	0.08	0.47	0.10	0.48	0.17	0.49
13	34115017	149.65	-0.23	0.44	0.11	0.45	0.09	0.46	0.16	0.48
14	34115021	148.77	-0.27	0.48	0.10	0.48	0.11	0.49	0.13	0.51
15	23311058	148.48	2.11	0.44	0.19	0.44	0.05	0.46	-0.18	0.47
16	65116652	148.37	1.19	0.45	0.05	0.45	0.06	0.46	0.15	0.47
17	34114007	147.91	-0.18	0.16	0.08	0.24	0.10	0.14	0.18	0.14
18	23311202	144.17	1.37	0.44	0.22	0.44	0.06	0.46	-0.20	0.47
19	65116651	143.71	0.82	0.44	0.05	0.44	0.06	0.45	0.14	0.46
20	23312646	142.82	3.03	0.43	0.22	0.44	-0.05	0.45	-0.20	0.46
21	23310112	139.20	2.34	0.47	0.09	0.48	0.04	0.49	-0.11	0.50
22	34113063	138.69	0.00	0.49	0.09	0.50	0.02	0.51	0.19	0.52
23	34111009	138.03	0.13	0.18	0.03	0.22	0.08	0.23	0.17	0.23
24	34111001	138.00	0.48	0.47	0.01	0.49	-0.05	0.50	0.38	0.52
25	23311484	134.69	0.52	0.43	0.23	0.44	0.06	0.45	-0.21	0.46
26	23312187	134.09	2.52	0.43	0.19	0.43	-0.04	0.44	-0.19	0.46
27	23311102	132.27	1.10	0.49	0.20	0.50	0.05	0.51	-0.23	0.49
28	34114009	132.03	-0.02	0.47	0.05	0.47	0.10	0.48	0.06	0.49
29	23310968	131.07	1.33	0.44	0.11	0.44	0.08	0.45	-0.18	0.47

（续）

序号	牛号	CBI	体型外貌评分		7～12月龄日增重		13～18月龄日增重		19～24月龄日增重	
			EBV	r^2	EBV	r^2	EBV	r^2	EBV	r^2
30	34114011	130.51	-0.65	0.44	0.09	0.44	0.10	0.45	0.06	0.47
31	23310390	129.14	1.45	0.50	0.18	0.50	0.00	0.52	-0.19	0.53
32	23312028	128.86	1.92	0.43	0.22	0.44	-0.03	0.45	-0.25	0.46
33	41115508	128.37	0.84	0.46	0.05	0.46	0.01	0.48	0.07	0.49
34	23310006	126.84	1.98	0.47	0.04	0.47	0.09	0.48	-0.19	0.50
35	34111005	124.87	-0.40	0.52	0.05	0.53	0.00	0.54	0.21	0.55
36	23314586	123.70	2.04	0.46	-0.03	0.47	0.11	0.48	-0.15	0.49
37	41110504	121.91	1.44	0.46	0.02	0.46	-0.05	0.48	0.10	0.49
38	23310580	121.73	1.36	0.49	0.13	0.50	-0.04	0.51	-0.09	0.52
39	15508H10*	119.76	0.43	0.04	0.02	0.06	0.02	0.06	0.08	0.07
40	23310528	118.89	0.32	0.07	0.16	0.45	-0.03	0.46	-0.08	0.47
41	34110005	116.97	-0.32	0.52	-0.02	0.53	0.04	0.54	0.17	0.55
42	23310054	116.44	0.72	0.50	0.09	0.55	0.04	0.56	-0.14	0.57
43	34111025	115.76	0.14	0.08	-0.03	0.12	0.02	0.12	0.16	0.12
44	23311136	115.44	0.40	0.47	0.14	0.48	0.05	0.49	-0.21	0.47
45	23314297	114.54	1.77	0.46	-0.04	0.46	0.06	0.48	-0.10	0.49
46	34113071	114.41	0.08	0.05	0.02	0.06	0.00	0.06	0.10	0.06
47	23311128	111.76	0.78	0.47	0.09	0.50	0.05	0.51	-0.22	0.52
48	65117655	111.55	-1.35	0.15	0.03	0.48	0.04	0.49	0.16	0.15
49	34113069	111.42	-0.38	0.43	0.07	0.43	-0.01	0.44	0.07	0.46
50	23310064	111.15	0.35	0.44	0.12	0.45	0.00	0.46	-0.13	0.47
51	23310598	110.84	1.13	0.50	0.09	0.51	0.03	0.52	-0.23	0.53
52	34114013	109.69	-0.05	0.01	0.02	0.01	0.02	0.01	0.02	0.01
53	23311684	109.60	0.32	0.03	0.16	0.44	-0.01	0.45	-0.18	0.46
54	23314652	108.93	1.41	0.43	-0.08	0.46	0.05	0.47	-0.04	0.49
55	23314442	108.31	1.20	0.46	0.01	0.46	0.04	0.48	-0.14	0.49
56	23310047	108.23	0.59	0.44	0.07	0.44	0.07	0.45	-0.21	0.47
57	23311526	108.23	0.51	0.47	0.12	0.48	-0.01	0.49	-0.16	0.50
58	23314423	107.36	1.72	0.47	-0.05	0.47	0.06	0.48	-0.16	0.49

（续）

（续）

序号	牛号	CBI	体型外貌评分		7~12月龄日增重		13~18月龄日增重		19~24月龄日增重	
			EBV	r²	EBV	r²	EBV	r²	EBV	r²
59	23311246	106.54	-0.06	0.43	0.13	0.44	0.01	0.45	-0.16	0.47
60	23314349	105.91	1.67	0.46	-0.04	0.46	0.07	0.47	-0.18	0.49
61	23314520	105.53	1.41	0.46	-0.02	0.47	0.00	0.48	-0.08	0.49
62	23310664	103.71	0.72	0.51	0.08	0.52	-0.01	0.53	-0.17	0.49
63	23314245	103.04	2.36	0.47	-0.02	0.47	-0.01	0.48	-0.19	0.49
64	23314602	102.85	0.37	0.46	-0.07	0.47	0.09	0.48	-0.06	0.49
65	23314930	101.85	0.78	0.46	-0.09	0.46	0.04	0.48	0.00	0.49
66	23310242	101.65	-0.43	0.44	0.09	0.44	0.01	0.46	-0.09	0.47
67	23314314	100.40	0.89	0.46	-0.03	0.47	0.05	0.48	-0.13	0.49
68	23311706	99.45	-0.68	0.49	0.15	0.49	0.01	0.50	-0.20	0.46
69	23310594	98.40	0.49	0.49	0.11	0.52	0.01	0.53	-0.27	0.55
70	15113327*	98.00	-0.01	0.01	-0.03	0.01	-0.02	0.01	0.07	0.01
71	15114031*	98.00	-0.01	0.01	-0.03	0.01	-0.02	0.01	0.07	0.01
72	15114081*	98.00	-0.01	0.01	-0.03	0.01	-0.02	0.01	0.07	0.01
73	15110927*	97.61	0.01	0.01	0.04	0.02	-0.04	0.02	-0.03	0.02
74	15110928*	96.01	-0.02	0.04	-0.06	0.05	-0.04	0.05	0.13	0.05
75	23310034	95.50	-0.05	0.44	0.05	0.45	0.02	0.46	-0.15	0.48
76	13114068	95.41	-0.08	0.44	-0.15	0.45	-0.11	0.46	0.39	0.48
77	23312746	95.01	2.54	0.55	0.04	0.56	-0.07	0.57	-0.28	0.58
78	41110506	93.47	-0.64	0.51	-0.12	0.52	0.00	0.53	0.21	0.54
79	23312966	91.87	0.68	0.49	0.10	0.49	-0.10	0.50	-0.15	0.46
80	13114052	87.10	-1.38	0.47	-0.17	0.47	0.07	0.48	0.19	0.49
81	23314838	85.53	0.61	0.46	-0.04	0.47	0.04	0.48	-0.20	0.49
82	13113040	83.49	-1.08	0.51	0.02	0.52	-0.07	0.53	0.06	0.54
83	23314391	83.04	0.69	0.47	-0.03	0.47	-0.04	0.48	-0.13	0.49
84	13114076	80.45	-1.08	0.51	-0.15	0.51	-0.07	0.52	0.30	0.53
85	23314594	79.90	-0.38	0.46	-0.07	0.47	0.03	0.48	-0.09	0.49
86	13114080	76.26	-1.30	0.51	-0.16	0.51	-0.05	0.52	0.26	0.53
87	13114082	75.72	-1.49	0.52	-0.13	0.52	-0.08	0.53	0.29	0.54

（续）

序号	牛号	CBI	体型外貌 评分		7~12 月龄 日增重		13~18 月龄 日增重		19~24 月龄 日增重	
			EBV	*r²*	*EBV*	*r²*	*EBV*	*r²*	*EBV*	*r²*
88	13114086	72.46	-1.35	0.51	-0.15	0.51	-0.07	0.52	0.27	0.53
89	23312456	68.50	1.51	0.49	0.10	0.49	-0.23	0.50	-0.24	0.52
90	13114084	65.40	-1.49	0.52	-0.16	0.52	-0.09	0.53	0.26	0.54
91	15215343	61.54	-2.46	0.43	0.05	0.43	-0.15	0.44	0.10	0.46
92	15215344	52.55	-2.92	0.52	-0.09	0.53	-0.11	0.53	0.22	0.55
93	23312216	52.37	-0.75	0.11	0.18	0.46	-0.24	0.47	-0.24	0.46
以下种公牛部分性状测定数据缺失，只发布数据完整性状的估计育种值										
94	15113316*	—	—	—	0.02	0.01	-0.02	0.01	-0.01	0.01
95	15113318*	—	—	—	0.02	0.01	-0.02	0.01	-0.01	0.01
96	15114012*	—	—	—	0.02	0.01	-0.02	0.01	-0.01	0.01
97	15114103*	—	—	—	0.02	0.01	-0.02	0.01	-0.01	0.01
98	23312816	—	—	—	0.17	0.43	-0.11	0.44	-0.17	0.46
99	65117656	—	—	—	0.12	0.43	—	—	—	—
100	23312062	—	—	—	0.19	0.43	-0.04	0.44	-0.21	0.46

＊ 表示该牛已经不在群，但有库存冻精。

— 表示该表型值缺失，且无法根据系谱信息估计出育种值。

（续）

4.11 牦牛

表 4 - 11 牦牛估计育种值

序号	牛号	CBI	体型外貌评分		7~12 月龄日增重		13~18 月龄日增重		19~24 月龄日增重	
			EBV	r²	EBV	r²	EBV	r²	EBV	r²
1	63199018	127.40	0.30	0.33	0.02	0.40	0.05	0.40	0.11	0.35
2	63108019	116.03	0.89	0.39	0.05	0.42	-0.02	0.43	0.01	0.43
3	63108017	113.90	0.89	0.39	0.06	0.42	-0.05	0.43	0.01	0.43
4	63108039	109.54	0.29	0.39	0.05	0.42	-0.01	0.43	0.01	0.43
5	63109003	108.53	0.31	0.40	0.04	0.42	-0.02	0.43	0.01	0.43
6	63108033	107.46	0.28	0.12	0.04	0.13	-0.01	0.14	0.00	0.13
7	63110001	106.43	0.28	0.06	0.03	0.07	-0.01	0.07	0.00	0.07
8	63108055	105.54	-0.11	0.39	0.06	0.42	-0.02	0.43	0.01	0.43
9	63197027	105.05	0.79	0.33	-0.06	0.42	0.02	0.43	0.02	0.36
10	63106066	103.95	0.36	0.39	0.04	0.42	-0.02	0.43	-0.03	0.43
11	63197026	102.59	0.79	0.33	-0.05	0.42	0.01	0.43	0.01	0.36
12	63109001	100.03	-0.26	0.40	0.04	0.42	-0.04	0.43	0.03	0.43
13	63197025	99.84	0.17	0.33	-0.05	0.42	0.04	0.43	-0.01	0.36
14	63105024	99.69	0.32	0.39	0.02	0.42	-0.04	0.43	0.00	0.43
15	63104042	99.54	0.70	0.37	-0.02	0.42	-0.04	0.43	0.01	0.42
16	63199028	99.37	-0.39	0.33	-0.04	0.40	0.08	0.40	-0.05	0.35
17	63105013	98.87	-0.02	0.39	0.02	0.42	-0.01	0.43	-0.02	0.43
18	63199023	97.64	-0.52	0.33	-0.01	0.40	0.07	0.40	-0.07	0.35
19	63101013	97.16	0.24	0.04	-0.02	0.42	-0.01	0.43	0.01	0.41
20	63197016	94.56	0.60	0.35	-0.04	0.42	-0.03	0.43	-0.01	0.38
21	63105019	93.58	-0.30	0.39	0.02	0.42	-0.03	0.43	-0.01	0.43
22	63104006	91.83	-0.07	0.37	0.02	0.42	-0.08	0.43	0.03	0.42
23	63104004	91.39	0.04	0.37	-0.03	0.42	-0.06	0.43	0.07	0.42
24	63197015	91.35	-0.08	0.33	-0.05	0.42	0.01	0.43	0.00	0.36
25	63105042	88.90	-0.57	0.39	0.01	0.42	-0.04	0.43	0.01	0.43
26	63104001	87.23	-0.42	0.37	-0.02	0.42	-0.04	0.43	0.03	0.42

（续）

序号	牛号	CBI	体型外貌评分		7~12月龄日增重		13~18月龄日增重		19~24月龄日增重	
			EBV	r^2	EBV	r^2	EBV	r^2	EBV	r^2
27	63197009	86.99	-0.53	0.35	-0.05	0.42	0.00	0.43	0.01	0.38
28	63197002	83.95	-1.01	0.36	-0.04	0.41	0.02	0.42	-0.01	0.39
29	63104018	76.46	-1.32	0.37	-0.01	0.08	-0.07	0.43	0.05	0.42
30	63104027	76.19	-1.03	0.37	-0.02	0.42	-0.06	0.43	0.02	0.42
以下种公牛部分性状测定数据缺失，只发布数据完整性状的估计育种值										
31	63102038		—	—	0.00	0.41	0.09	0.42	-0.09	0.30

— 表示该表型值缺失，且无法根据系谱信息估计出育种值。

4.12 其他品种牛

表 4－12 其他品种牛估计育种值

序号	牛号	品种	CBI	体型外貌评分		7~12 月龄日增重		13~18 月龄日增重		19~24 月龄日增重	
				EBV	r²	EBV	r²	EBV	r²	EBV	r²
1	41415822	比利时蓝牛	86.11	2.18	0.44	-0.09	0.44	-0.06	0.45	-0.14	0.47
2	41415821	比利时蓝牛	75.64	1.55	0.44	-0.10	0.44	-0.01	0.45	-0.24	0.47
3	41114410	德国黄牛	194.26	1.98	0.43	0.20	0.43	0.20	0.44	-0.01	0.46
4	41114412	德国黄牛	191.62	1.26	0.43	0.19	0.43	0.19	0.44	0.09	0.46
5	41114408	德国黄牛	189.46	0.35	0.43	0.26	0.43	0.18	0.44	0.08	0.46
6	41315230	德国黄牛	158.29	0.42	0.43	0.24	0.43	0.12	0.44	-0.10	0.46
7	53115333	短角牛	185.77	0.90	0.42	-0.04	0.43	0.41	0.44	0.07	0.45
8	53111269˙	短角牛	154.73	0.46	0.41	0.10	0.41	0.20	0.43	-0.04	0.44
9	53113287	短角牛	146.32	0.99	0.41	0.09	0.42	0.10	0.43	0.01	0.45
10	53116361	短角牛	145.69	-0.59	0.42	-0.01	0.42	0.18	0.43	0.20	0.45
11	53211122	短角牛	142.94	0.21	0.41	0.11	0.41	0.01	0.43	0.19	0.44
12	53116362	短角牛	138.83	-0.54	0.42	-0.06	0.43	0.28	0.44	0.04	0.45
13	53114313˙	短角牛	137.80	0.39	0.06	0.04	0.42	0.12	0.43	0.04	0.45
14	53211123	短角牛	135.97	0.65	0.41	0.29	0.41	-0.27	0.42	0.26	0.44
15	53113286	短角牛	133.63	0.54	0.41	0.08	0.42	0.09	0.43	-0.02	0.45
16	53114312˙	短角牛	133.18	0.91	0.42	-0.01	0.43	0.12	0.44	0.02	0.45
17	53114314	短角牛	123.18	0.69	0.41	0.00	0.42	0.03	0.43	0.09	0.45
18	53114311	短角牛	111.11	-0.68	0.41	-0.06	0.43	0.15	0.44	0.02	0.45
19	53214160	短角牛	84.46	0.54	0.42	-0.11	0.43	0.06	0.44	-0.14	0.45
20	53215169	短角牛	76.14	-0.10	0.41	-0.01	0.42	-0.12	0.43	0.00	0.45
21	53216176	短角牛	69.89	-0.05	0.04	-0.05	0.42	-0.06	0.43	-0.10	0.45
22	53216175	短角牛	67.49	0.23	0.05	0.04	0.42	-0.16	0.43	-0.13	0.45
23	53216179	短角牛	66.41	-0.46	0.43	0.01	0.44	-0.12	0.45	-0.07	0.47
24	53215167	短角牛	66.38	-0.13	0.41	-0.04	0.42	-0.11	0.43	-0.04	0.45
25	53216178	短角牛	65.53	-0.05	0.41	0.02	0.42	-0.14	0.43	-0.12	0.44
26	53214161	短角牛	56.68	-0.65	0.41	-0.01	0.41	-0.16	0.43	-0.05	0.44

（续）

序号	牛号	品种	CBI	体型外貌评分		7～12 月龄日增重		13～18 月龄日增重		19～24 月龄日增重	
				EBV	r²	EBV	r²	EBV	r²	EBV	r²
27	53216177	短角牛	53.93	-0.76	0.43	-0.13	0.44	-0.05	0.45	-0.05	0.46
28	53215165	短角牛	53.74	-0.22	0.41	-0.05	0.42	-0.18	0.43	-0.01	0.44
29	53215166	短角牛	51.81	-0.52	0.43	-0.18	0.44	-0.07	0.45	0.01	0.46
30	53213159	短角牛	29.10	0.21	0.41	-0.11	0.42	-0.19	0.43	-0.19	0.44
31	53214162	短角牛	28.19	-1.00	0.41	-0.14	0.42	-0.05	0.43	-0.26	0.45
32	41107568	金黄阿奎登牛	175.87	1.89	0.42	0.04	0.43	0.11	0.44	0.25	0.46
33	41415401	金黄阿奎登牛	78.85	1.16	0.43	-0.07	0.43	-0.01	0.44	-0.21	0.46
34	41313065	皮埃蒙特牛	194.53	-0.21	0.45	0.27	0.45	0.18	0.46	0.18	0.47
△	41413301										
35	41313038	皮埃蒙特牛	173.35	-0.38	0.44	0.25	0.44	0.10	0.45	0.17	0.47
△	41413302										
36	41113702	皮埃蒙特牛	173.07	-1.68	0.43	0.28	0.45	0.27	0.46	-0.04	0.48
37	41117702	皮埃蒙特牛	156.70	0.04	0.43	0.21	0.44	0.11	0.45	0.00	0.01
38	62111063	皮埃蒙特牛	143.31	0.31	0.43	0.08	0.43	0.21	0.44	-0.10	0.46
39	41314734	皮埃蒙特牛	137.33	-0.66	0.44	0.18	0.44	0.11	0.45	-0.05	0.47
△	41414322										
40	21114410	辽育白牛	149.34	1.38	0.41	0.26	0.44	-0.13	0.45	0.12	0.46
41	21115452	辽育白牛	141.45	0.79	0.42	0.13	0.44	0.07	0.45	-0.03	0.47
42	21115455	辽育白牛	136.59	-0.30	0.41	0.02	0.44	0.10	0.45	0.18	0.46
43	21109403	辽育白牛	131.91	-0.37	0.41	-0.03	0.45	0.20	0.46	0.05	0.46
44	21114402	辽育白牛	131.40	1.13	0.41	0.26	0.43	-0.08	0.44	-0.11	0.46
45	21114407	辽育白牛	123.76	-0.23	0.42	0.02	0.45	0.03	0.46	0.17	0.47
46	21112406	辽育白牛	123.63	-0.39	0.42	0.27	0.43	-0.08	0.45	-0.04	0.46
47	21111436	辽育白牛	123.28	-0.04	0.42	-0.01	0.45	0.15	0.46	-0.02	0.47
48	21113408	辽育白牛	120.12	0.14	0.42	0.26	0.45	-0.06	0.46	-0.13	0.47
49	21115453	辽育白牛	119.51	0.20	0.41	-0.13	0.43	0.10	0.44	0.21	0.46
50	21109405	辽育白牛	118.01	-0.50	0.41	-0.05	0.46	0.19	0.46	-0.02	0.47
51	21111431	辽育白牛	113.66	-0.56	0.42	0.09	0.44	0.07	0.45	-0.08	0.46
52	21113407	辽育白牛	110.70	0.34	0.42	0.08	0.45	-0.01	0.46	-0.05	0.47

（续）

序号	牛号	品种	CBI	体型外貌评分		7~12 月龄日增重		13~18 月龄日增重		19~24 月龄日增重	
				EBV	r^2	EBV	r^2	EBV	r^2	EBV	r^2
53	21111433	辽育白牛	110.12	-0.41	0.42	-0.02	0.44	0.09	0.45	0.02	0.47
54	21115456	辽育白牛	107.00	0.30	0.42	0.00	0.43	0.01	0.44	0.01	0.45
55	21112417	辽育白牛	106.61	-0.38	0.41	-0.11	0.45	0.16	0.45	0.00	0.46
56	21113409	辽育白牛	105.73	-0.58	0.42	0.16	0.44	-0.09	0.45	0.01	0.47
57	21113411	辽育白牛	103.62	-0.12	0.42	0.13	0.43	-0.05	0.45	-0.08	0.46
58	21111441	辽育白牛	103.11	-0.24	0.42	-0.14	0.44	0.16	0.45	0.00	0.46
59	21111435	辽育白牛	101.65	0.59	0.41	-0.10	0.43	0.03	0.44	0.06	0.45
60	21111421	辽育白牛	100.26	-0.07	0.41	-0.05	0.46	0.10	0.46	-0.09	0.46
61	21115451	辽育白牛	99.75	0.03	0.42	-0.05	0.43	0.04	0.44	0.00	0.45
62	21112410	辽育白牛	99.27	-0.19	0.42	0.04	0.45	-0.02	0.46	0.00	0.47
63	21113403	辽育白牛	99.02	-0.40	0.42	0.08	0.44	-0.02	0.45	-0.07	0.46
64	21111442	辽育白牛	98.05	-0.46	0.41	-0.04	0.45	0.05	0.46	0.01	0.46
65	21113410	辽育白牛	92.56	-0.70	0.41	0.15	0.44	-0.07	0.45	-0.12	0.46
66	21109402	辽育白牛	90.38	-1.50	0.41	-0.07	0.46	0.17	0.46	-0.11	0.47
67	51113173	蜀宣花牛	175.73	0.93	0.43	0.11	0.43	0.09	0.44	0.28	0.46
68	41213061*	夏南牛	169.05	0.95	0.43	0.19	0.43	0.06	0.44	0.14	0.46
69	41213067*	夏南牛	165.98	1.46	0.43	0.13	0.43	0.03	0.44	0.21	0.46
70	41213068*	夏南牛	165.56	1.11	0.43	0.12	0.43	0.06	0.44	0.21	0.46
71	41208119*	夏南牛	161.59	0.65	0.43	0.04	0.43	0.15	0.44	0.20	0.46
72	41213062*	夏南牛	160.25	0.97	0.43	0.12	0.43	0.06	0.44	0.16	0.46
73	22308033	延黄牛	130.97	-0.54	0.41	0.01	0.41	0.14	0.42	0.10	0.43
74	22309024	延黄牛	118.13	0.27	0.41	0.13	0.41	-0.05	0.41	0.03	0.43
75	22306074	延黄牛	116.62	0.84	0.40	0.07	0.41	-0.03	0.42	0.00	0.43
76	22309004	延黄牛	115.80	0.18	0.41	0.00	0.41	0.09	0.42	-0.02	0.43
77	22309063	延黄牛	106.82	-0.34	0.41	-0.02	0.41	0.05	0.42	0.04	0.43
78	22314169	延黄牛	101.31	0.05	0.41	0.01	0.41	-0.02	0.42	0.03	0.44
79	22306035	延黄牛	98.13	0.16	0.40	0.00	0.41	0.01	0.42	-0.04	0.43
80	22314155	延黄牛	93.16	0.48	0.41	0.00	0.41	-0.02	0.42	-0.07	0.44
81	22307073	延黄牛	90.07	0.27	0.40	-0.05	0.41	-0.01	0.42	-0.02	0.43

（续）

序号	牛号	品种	CBI	体型外貌评分		7~12 月龄日增重		13~18 月龄日增重		19~24 月龄日增重	
				EBV	r^2	EBV	r^2	EBV	r^2	EBV	r^2
82	22314145	延黄牛	87.91	0.39	0.41	-0.04	0.41	-0.03	0.42	-0.05	0.43
83	22314163	延黄牛	85.71	0.10	0.41	-0.05	0.41	-0.02	0.42	-0.04	0.44
84	22313008	延黄牛	84.42	0.15	0.40	-0.07	0.40	-0.03	0.41	0.01	0.42
85	22307062	延黄牛	84.08	0.10	0.40	-0.07	0.41	-0.01	0.42	-0.02	0.43
86	22315012	延黄牛	77.35	0.23	0.41	-0.09	0.41	-0.01	0.42	-0.09	0.43
87	22315026	延黄牛	62.29	-0.45	0.41	-0.15	0.41	0.02	0.42	-0.10	0.43
88	53112347	云岭牛	116.11	1.29	0.36	-0.05	0.36	0.04	0.37	0.02	0.39
89	53115348	云岭牛	114.72	-0.02	0.36	0.03	0.36	-0.01	0.37	0.12	0.39
90	53115349	云岭牛	99.89	-0.36	0.36	-0.01	0.36	0.02	0.37	0.03	0.38
91	53115358	云岭牛	94.38	0.20	0.36	0.04	0.36	-0.02	0.37	-0.10	0.39
92	53115360	云岭牛	92.33	0.12	0.36	-0.06	0.36	0.02	0.37	-0.03	0.38
93	53115357	云岭牛	90.31	-0.34	0.36	0.02	0.36	-0.02	0.37	-0.06	0.38
94	53115359	云岭牛	90.18	-1.00	0.36	0.03	0.36	-0.02	0.37	0.02	0.38
95	53107188*	槟榔江水牛	156.07	3.14	0.43	-0.07	0.05	0.21	0.45	-0.06	0.46
96	42106255*	槟榔江水牛	70.75	-0.36	0.43	-0.16	0.44	0.02	0.05	-0.01	0.05
97	42104089*	槟榔江水牛	49.27	-0.06	0.42	-0.20	0.44	-0.10	0.44	0.03	0.45
98	34114123	大别山牛	65.21	-0.66	0.43	-0.07	0.43	-0.08	0.44	0.00	0.46
99	34114121	大别山牛	62.96	-1.11	0.43	-0.07	0.43	-0.10	0.44	0.05	0.46
100	41214072	郏县红牛	111.28	0.99	0.43	0.03	0.43	-0.02	0.44	-0.02	0.46
101	41214071*	郏县红牛	109.38	0.98	0.43	-0.01	0.43	0.04	0.44	-0.08	0.46
102	41214073	郏县红牛	100.79	0.03	0.47	0.00	0.47	-0.01	0.48	0.02	0.49
103	41213078	郏县红牛	100.41	0.86	0.47	0.01	0.47	-0.01	0.48	-0.09	0.49
104	41316018	郏县红牛	88.88	-0.88	0.44	0.05	0.44	-0.25	0.45	0.36	0.47
105	41316024	郏县红牛	87.55	-0.27	0.44	0.04	0.44	-0.06	0.45	-0.05	0.47
106	41214074*	郏县红牛	84.10	-1.12	0.43	0.05	0.43	-0.07	0.44	0.01	0.46
107	41316037	郏县红牛	51.45	-0.56	0.43	-0.18	0.43	-0.03	0.44	-0.05	0.46
108	37114117	鲁西黄牛	195.29	1.97	0.44	0.34	0.44	0.05	0.45	0.03	0.47
109	37115118	鲁西黄牛	184.19	-0.47	0.44	0.36	0.44	0.04	0.45	0.21	0.47
110	37110115*	鲁西黄牛	70.07	-1.48	0.43	0.04	0.43	-0.06	0.44	-0.08	0.46

（续）

序号	牛号	品种	CBI	体型外貌评分		7～12 月龄日增重		13～18 月龄日增重		19～24 月龄日增重	
				EBV	r^2	EBV	r^2	EBV	r^2	EBV	r^2
111	37108113˙	鲁西黄牛	64.53	-1.30	0.43	-0.07	0.43	-0.08	0.44	0.07	0.46
112	41317028	南阳牛	124.27	-0.16	0.45	0.15	0.45	-0.01	0.46	0.02	0.47
113	41317051	南阳牛	122.51	-1.73	0.44	-0.03	0.44	0.24	0.45	0.04	0.03
114	41317012	南阳牛	112.99	-1.05	0.44	-0.09	0.44	0.13	0.45	0.16	0.46
115	41316053	南阳牛	65.91	-0.63	0.44	0.09	0.45	-0.20	0.46	-0.06	0.47
116	41315109	南阳牛	61.10	-0.27	0.45	0.08	0.45	-0.19	0.46	-0.13	0.47
117	41315044	南阳牛	56.45	0.06	0.43	0.03	0.43	-0.21	0.44	-0.12	0.46
118	41313188	南阳牛	55.09	-0.55	0.43	-0.10	0.43	-0.15	0.44	0.05	0.46
119	41313187	南阳牛	54.10	-0.55	0.43	-0.08	0.43	-0.12	0.44	-0.03	0.46
120	41313186	南阳牛	37.08	-1.34	0.43	-0.10	0.43	-0.14	0.44	-0.04	0.46
121	61114117	秦川牛	97.89	-0.14	0.01	0.02	0.01	-0.02	0.01	0.00	0.01
122	34114119	皖南牛	52.75	-0.63	0.43	-0.07	0.43	-0.09	0.44	-0.10	0.46
123	34114117	皖南牛	42.21	-1.09	0.43	-0.07	0.43	-0.09	0.44	-0.15	0.46
124	43112083	巫陵牛	35.64	0.76	0.44	-0.27	0.44	-0.09	0.45	-0.11	0.47
125	43113093	巫陵牛	35.43	0.69	0.43	-0.26	0.43	-0.10	0.44	-0.10	0.46
126	43113089	巫陵牛	32.74	0.12	0.43	-0.25	0.43	-0.11	0.44	-0.06	0.46
127	43111078	巫陵牛	25.03	-0.12	0.43	-0.25	0.43	-0.12	0.44	-0.08	0.46
128	43112081	巫陵牛	21.59	0.01	0.44	-0.26	0.44	-0.10	0.45	-0.16	0.47
129	43112085	巫陵牛	20.47	-0.06	0.43	-0.23	0.43	-0.11	0.44	-0.18	0.46
130	43113090	巫陵牛	18.61	0.65	0.43	-0.26	0.43	-0.16	0.44	-0.14	0.46
131	43112082	巫陵牛	17.13	-0.49	0.43	-0.23	0.43	-0.08	0.44	-0.22	0.46
132	43112084	巫陵牛	17.06	-0.62	0.44	-0.25	0.44	-0.09	0.45	-0.15	0.47
133	43113094	巫陵牛	15.83	-0.15	0.43	-0.24	0.43	-0.14	0.44	-0.16	0.46
134	43113092	巫陵牛	14.27	-0.19	0.43	-0.24	0.43	-0.15	0.44	-0.16	0.46
135	43113087	巫陵牛	13.05	-0.37	0.43	-0.25	0.43	-0.12	0.44	-0.17	0.46
136	43113088	巫陵牛	8.50	-1.21	0.43	-0.24	0.43	-0.11	0.44	-0.15	0.46
137	43112080	巫陵牛	8.18	-0.57	0.44	-0.27	0.44	-0.14	0.45	-0.13	0.47
138	43111077	巫陵牛	5.84	-1.99	0.43	-0.25	0.43	-0.19	0.44	0.06	0.46
139	43113086	巫陵牛	2.20	-0.81	0.43	-0.26	0.43	-0.14	0.44	-0.18	0.46

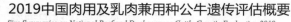

（续）

序号	牛号	品种	CBI	体型外貌评分		7～12 月龄日增重		13～18 月龄日增重		19～24 月龄日增重	
				EBV	r²	EBV	r²	EBV	r²	EBV	r²
140	43112079	巫陵牛	1.41	-0.70	0.44	-0.27	0.44	-0.13	0.45	-0.20	0.47
141	43111076	巫陵牛	-1.41	-1.65	0.43	-0.25	0.43	-0.19	0.44	-0.05	0.46
142	43113091	巫陵牛	-8.61	-0.72	0.44	-0.29	0.44	-0.16	0.45	-0.20	0.47
143	22310005	延边牛	119.83	0.81	0.41	-0.06	0.41	0.05	0.42	0.11	0.43
144	22313029	延边牛	115.09	0.42	0.41	-0.07	0.41	0.06	0.42	0.10	0.44
145	22313036	延边牛	114.91	0.44	0.41	-0.07	0.41	0.06	0.42	0.10	0.44
146	22315015	延边牛	109.37	-0.45	0.41	-0.02	0.41	-0.05	0.42	0.25	0.44
147	22309007	延边牛	108.78	-0.30	0.41	0.03	0.41	0.07	0.42	-0.06	0.43
148	22311134	延边牛	107.47	0.06	0.41	0.00	0.41	0.13	0.42	-0.16	0.43
149	22310916	延边牛	104.02	0.28	0.41	-0.04	0.41	0.06	0.42	-0.02	0.43
150	22309013	延边牛	100.86	-0.19	0.41	0.00	0.41	0.03	0.42	-0.02	0.43
151	22310039	延边牛	100.01	0.52	0.41	-0.03	0.41	0.03	0.42	-0.05	0.43
152	22307072	延边牛	95.25	-0.01	0.13	0.05	0.13	-0.02	0.14	-0.09	0.14
153	22309001	延边牛	93.90	-0.20	0.41	0.01	0.41	0.02	0.42	-0.09	0.43
154	22306008	延边牛	90.32	0.25	0.40	0.02	0.41	-0.01	0.42	-0.14	0.43
155	22315042	延边牛	89.00	-0.26	0.41	0.17	0.41	-0.09	0.42	-0.21	0.43
156	22306070	延边牛	86.98	-0.27	0.04	-0.02	0.41	0.00	0.42	-0.06	0.43
157	22313028	延边牛	84.31	-0.69	0.41	-0.07	0.41	0.01	0.42	0.04	0.44
158	22313001	延边牛	75.73	0.00	0.41	-0.05	0.41	-0.07	0.42	-0.04	0.44
159	22314039	延边牛	73.50	-0.90	0.41	0.01	0.41	-0.08	0.42	-0.03	0.44
以下种公牛部分性状测定数据缺失，只发布数据完整性状的估计育种值											
160	13217701	比利时蓝牛		1.13	0.47	0.23	0.47	0.12	0.48	—	—
161	13217702	比利时蓝牛		-0.68	0.44	0.23	0.44	-0.01	0.45	—	—
162	13217703	比利时蓝牛		0.86	0.47	0.15	0.47	0.13	0.48	—	—
163	13217705	比利时蓝牛		-0.72	0.43	0.24	0.43	-0.03	0.44	—	—
164	13217706	比利时蓝牛		0.59	0.43	0.17	0.43	0.06	0.44	—	—
165	13217708	比利时蓝牛		0.59	0.43	0.19	0.43	0.11	0.44	—	—
166	13217710	比利时蓝牛		0.67	0.44	0.20	0.44	0.12	0.45	—	—
167	13217716	比利时蓝牛		-0.01	0.45	0.21	0.45	0.12	0.46	—	—

（续）

（续）

序号	牛号	品种	CBI	体型外貌评分		7~12 月龄日增重		13~18 月龄日增重		19~24 月龄日增重	
				EBV	r²	EBV	r²	EBV	r²	EBV	r²
168	13217720	比利时蓝牛		-0.56	0.47	0.25	0.47	0.00	0.49	—	—
169	13217721	比利时蓝牛		-0.71	0.43	0.20	0.43	0.06	0.44	—	—
170	13217722	比利时蓝牛		0.67	0.44	0.21	0.44	0.30	0.45	—	—
171	13217726	比利时蓝牛		0.35	0.44	0.22	0.44	0.03	0.46	—	—
172	13217730	比利时蓝牛		-0.53	0.46	0.29	0.47	-0.06	0.48	—	—
173	13217731	比利时蓝牛		-1.11	0.47	0.24	0.47	-0.02	0.49	—	—
174	13217733	比利时蓝牛		0.62	0.43	0.12	0.43	0.10	0.44	—	—
175	13217737	比利时蓝牛		0.63	0.43	0.16	0.43	0.06	0.44	—	—
176	13217740	比利时蓝牛		-1.16	0.49	0.30	0.50	-0.01	0.51	—	—
177	13217743	比利时蓝牛		-0.04	0.49	0.29	0.50	-0.05	0.51	—	—
178	13217745	比利时蓝牛		-0.04	0.49	0.28	0.50	-0.05	0.51	—	—
179	13217749	比利时蓝牛		-1.09	0.53	0.30	0.53	-0.06	0.54	—	—
180	13217750	比利时蓝牛		0.10	0.44	0.21	0.44	0.09	0.45	—	—
181	13217751	比利时蓝牛		-0.25	0.53	0.30	0.53	0.06	0.54	—	—
182	13217752	比利时蓝牛		0.93	0.45	0.24	0.45	0.09	0.46	—	—
183	13217754	比利时蓝牛		0.03	0.53	0.30	0.53	0.07	0.54	—	—
184	13217756	比利时蓝牛		-1.09	0.53	0.31	0.53	-0.02	0.54	—	—
185	13217757	比利时蓝牛		-0.81	0.53	0.31	0.53	0.01	0.54	—	—
186	13217758	比利时蓝牛		-0.53	0.53	0.30	0.53	0.06	0.54	—	—
187	41315252	德国黄牛		0.45	0.43	—	—	—	—	—	—
188	41315253	德国黄牛		0.85	0.44	—	—	—	—	—	—
189	41315255	德国黄牛		-0.37	0.44	—	—	—	—	—	—
190	41315257	德国黄牛		0.28	0.44	—	—	—	—	—	—
191	41315251	皮埃蒙特牛		0.26	0.44	—	—	—	—	—	—
192	41315254	皮埃蒙特牛		-0.35	0.44	—	—	—	—	—	—
193	22314198	延黄牛		0.51	0.41	—	—	—	—	—	—
194	42105101*	槟榔江水牛		-1.37	0.41	—	—	—	—	—	—
195	42105250*	槟榔江水牛		-1.22	0.41	-0.17	0.43	—	—	—	—
196	37109102*	鲁西黄牛		—	—	-0.06	0.44	-0.18	0.45	0.01	0.46

（续）

序号	牛号	品种	CBI	体型外貌评分		7～12 月龄日增重		13～18 月龄日增重		19～24 月龄日增重	
				EBV	r^2	EBV	r^2	EBV	r^2	EBV	r^2
197	37109103*	鲁西黄牛	—	—	—	-0.19	0.44	-0.22	0.45	0.02	0.46
198	37110116*	鲁西黄牛	—	—	—	0.06	0.43	-0.05	0.44	-0.08	0.46
199	22310001	延边牛	0.05	0.41	—	—	—	—	—	—	—

＊ 表示该牛已经不在群，但有库存冻精。

△ 表示上一行牛的曾用牛号。

— 表示该表型值缺失，且无法根据系谱信息估计出育种值。

（续）

参考文献

张勤, 2007. 动物遗传育种的计算方法 [M]. 北京：科学出版社.

张沅, 2001. 家畜育种学 [M]. 北京：中国农业出版社.

Gilmour A R, Gogel B J, Cullis B R, et al. , 2015. ASReml User Guide Release 4. 1 Structural Specification [M]. Hemel Hempstead: VSN International Ltd, UK.

Mrode R A, 2014. Linear models for the prediction of animal breeding values [M]. 3rd ed. Edinburgh: CABI, UK.

图书在版编目（CIP）数据

2019 中国肉用及乳肉兼用种公牛遗传评估概要／农业农村部种业管理司，农业农村部畜牧兽医局，全国畜牧总站编．—北京：中国农业出版社，2019.9
ISBN 978-7-109-25981-2

Ⅰ.①2…　Ⅱ.①农…②农…③全…　Ⅲ.①种公牛—遗传育种—评估—中国—2019　Ⅳ.①S823.02

中国版本图书馆 CIP 数据核字（2019）第 219655 号

2019 ZHONGGUO ROUYONG JI RUROU JIANYONG
ZHONGGONGNIU YICHUAN PINGGU GAIYAO

中国农业出版社出版
地址：北京市朝阳区麦子店街 18 号楼
邮编：100125
责任编辑：周锦玉
版式设计：王　晨　　责任校对：吴丽婷
印刷：中农印务有限公司
版次：2019 年 9 月第 1 版
印次：2019 年 9 月北京第 1 次印刷
发行：新华书店北京发行所
开本：880mm×1230mm　1/16
印张：7.75
字数：240 千字
定价：25.00 元